AF453921

D'HYGIÈNE

DE PHYSIQUE ET DE CHIMIE

AUTRES OUVRAGES DE MME PAPE-CARPANTIER

Zoologie, *histoires et leçons explicatives* destinées aux écoles, aux salles d'asile et aux familles ; nouvelle édition, illustrée de nombreuses gravures. 5 volumes grand in-18, brochés :

Les trois premiers volumes se vendent 1 franc 25 centimes chacun ; le 4e volume, 1 fr. 50 c., et le 5e volume, 2 francs.

Une série de 10 grandes images en chromolithographie correspond à chaque volume et se vend 5 francs.

Histoire du blé, *histoires et leçons explicatives* ; 2e édition. 1 vol. grand in-18, avec 64 vignettes dans le texte, cartonné, 1 fr.

Six grandes images en chromolithographie correspondent à ce volume et se vendent 3 fr. 50 c.

Histoires et leçons de choses, pour les enfants ; nouvelle édition. 1 volume in-16, avec 85 vignettes dans le texte, broché, 2 fr. 25 c.

Ouvrage couronné par l'Académie française.

Lectures et travail, pour les enfants et les mères ; 3e édition. 1 vol. in-16, avec 124 vignettes dans le texte, cart., 1 fr. 25 c.

Ouvrage couronné par la Société pour l'instruction élémentaire.

Conseils sur la direction des salles d'asile ; 4e édition. 1 vol. grand in-18, broché, 1 fr. 50 c.

Ouvrage couronné par l'Académie française.

Enseignement pratique dans les salles d'asile, ou premières leçons à donner aux petits enfants, suivies de chansons et de jeux pour les récréations de l'enfance ; 6e édition. 1 vol. in-8, avec planches, broché, 6 fr.

Ouvrage couronné par l'Académie française.

Jeux gymnastiques, avec chants, pour les enfants des salles d'asile ; 2e édition. 1 vol. in-8, avec musique et gravures, 2 fr.

Nouveau syllabaire des salles d'asile. 32 tableaux de 50 centimètres de hauteur sur 32 centimètres de largeur, avec un manuel grand in-18, 3 fr. 50 c.

Le collage des 32 tableaux sur 16 cartons se paye en sus, 4 francs.

On vend séparément : Chacun des 32 tableaux, 15 centimes.

Le manuel, contenant la matière de 32 tableaux reproduits dans le format grand in-18, 25 centimes.

Le dessin expliqué par la nature ; 2e édition. 1 vol. in-16, avec 59 figures dans le texte, broché, 2 fr. 50 c.

Une boîte de solides correspondant au volume se vend séparément.

988. — Imprimerie A. Lahure, rue de Fleurus, 9, à Paris.

COURS D'ÉDUCATION ET D'INSTRUCTION
PÉRIODE ÉLÉMENTAIRE

PREMIÈRES NOTIONS

D'HYGIÈNE

DE PHYSIQUE ET DE CHIMIE

PAR

Mᵐᵉ MARIE PAPE-CARPANTIER

AVEC LA COLLABORATION

D'UN PROFESSEUR LICENCIÉ ÈS SCIENCES

TROISIÈME ÉDITION

PARIS

LIBRAIRIE HACHETTE ET Cⁱᵉ

79, BOULEVARD SAINT-GERMAIN, 79

1880

PREMIÈRES NOTIONS

D'HYGIÈNE

PRINCIPALES FONCTIONS DE LA VIE.

Les organes et leur fonction.

Il y a déjà longtemps, mes enfants, que, vous parlant de vos cinq sens, nous vous avons expliqué la signification de ce mot : *organe*. L'œil, vous le savez, est l'organe de la vue, c'est-à-dire l'instrument à l'aide duquel nous pouvons voir; l'oreille est l'organe de l'ouïe, c'est-à-dire l'instrument à l'aide duquel nous entendons les sons; et ainsi de suite pour nos autres sens.

Un organe est donc une partie du corps, disposée spécialement pour servir à un usage déterminé. L'usage auquel un organe est destiné, et pour lequel il est disposé, s'appelle la *fonc-*

tion de cet organe. Ainsi notre œil est un organe convenablement disposé pour voir la lumière; voir la lumière est la fonction de l'organe de la vue.

De même entendre, goûter, flairer, toucher, sont les fonctions des organes de l'ouïe, du goût, de l'odorat, du toucher.

Mais n'avons-nous point d'autres organes disposés pour remplir d'autres fonctions de notre vie? Oh nous en avons beaucoup d'autres! Ainsi avaler, digérer, respirer, parler, nous mouvoir, sont des fonctions de notre vie; et nous avons des organes convenablement disposés pour remplir chacune de ces fonctions.

Comme nous avons beaucoup de fonctions à remplir, notre corps tout entier est composé de beaucoup d'organes distincts, ayant chacun sa fonction spéciale. Ainsi nos doigts, disposés pour saisir, sont des organes; nos jambes, disposées pour marcher, sont des organes; et ainsi du reste.

QUESTIONNAIRE.

Qu'est-ce qu'un organe? — Qu'appelle-t-on la *fonction* d'un organe? — Citez quelques-uns de vos organes, indiquez leur fonction [1]? Notre vie se compose-t-elle d'un

1. Voyez le *Manuel.*

grand nombre de fonctions ? — Notre corps est-il composé d'un grand nombre d'organes ?

Distinction des deux ordres de fonctions et d'organes.

Vous savez, mes enfants, que toutes les fonctions de notre corps ont pour objet deux choses : au dedans de nous, entretenir la vie ; au dehors de nous, exécuter des actions telles que voir, connaître, travailler, marcher, parler, entrer en communication avec les autres êtres, et principalement avec nos semblables.

Puisque nous avons deux sortes de fonction. à accomplir, les unes intérieures, les autres extérieures, nous avons aussi, naturellement, deux sortes d'organes : les organes extérieurs, qui nous mettent en rapport avec nos semblables et tout ce qui nous environne ; et les organes intérieurs, qui servent à entretenir la vie en nous.

QUESTIONNAIRE.

Quel est l'objet des fonctions de notre vie ? — Combien de sortes de fonctions avons-nous à accomplir ? — Quelles sont ces deux sortes de fonctions ? — Combien de sortes d'organes avons-nous pour accomplir ces fonctions ?

ORGANES EXTÉRIEURS.

Le corps.

Vous savez, mes enfants, que votre petite personne est composée de deux choses : un corps et une âme. Votre âme, c'est la partie de vous qui pense, qui aime, qui ne mourra jamais : votre âme enfin c'est vous-même !

Mais cette âme n'est point composée de matière ; on ne peut la voir ni la toucher ; et elle-même, pour voir et toucher les objets qui nous entourent, a besoin d'un corps fait de matière comme les objets eux-mêmes. Notre corps est donc la demeure et l'instrument de notre âme. Ou si vous le voulez, chacun de nous est une âme logée dans un corps, et servie par les organes de ce corps.

Notre corps est un logement admirable et une machine vraiment merveilleuse ! Regardez-vous les uns les autres. D'abord vous êtes plus ou moins grands, selon votre âge.

Puis vous avez une tête, deux bras et deux jambes. A la suite de vos bras il y a deux avant-bras, auxquels sont attachées les mains.

A l'extrémité de vos jambes, il y a des pieds. Votre tête est couverte par une belle chevelure, et sur la face de votre tête qui est en avant, il y a des traits, c'est-à-dire des formes, des ouvertures, des organes : le front, les joues, le menton, les yeux, le nez, la bouche.

La tête est portée par le cou. De chaque côté du cou sont les épaules auxquelles les bras sont attachés. Entre les deux épaules il y a, en arrière le dos, en avant la poitrine. Au-dessous du dos sont les reins; au-dessous de la poitrine est le ventre. A droite et à gauche, entre le ventre et les reins, sont les *flancs;* et au-dessous des flancs, les *hanches.*

Les jambes sont attachées aux cuisses par les genoux, comme l'avant-bras est attaché au bras par le coude. Les pieds sont attachés aux jambes par le cou-de-pied et le talon, comme les mains sont attachées aux avant-bras par le poignet.

Les doigts sont des branches fines, flexibles et adroites qui terminent les mains. Il y a cinq doigts à chaque main. Le premier s'appelle le pouce; le second s'appelle l'index; le troisième médius; le quatrième annulaire; et le cinquième petit doigt. Le *médius* est au *milieu;*

on l'appelle aussi le grand doigt, parce qu'il est le plus grand des cinq. L'index sert à indiquer les choses que l'on veut faire voir. L'annulaire est ainsi appelé parce que c'est dans celui-là qu'on porte ordinairement l'anneau du mariage. Enfin le pouce plus court, plus fort que les autres doigts, en est détaché de manière à pouvoir aller au devant de chacun d'eux, s'y opposer, pour saisir ensemble les objets comme une pince.

Les doigts des pieds s'appellent des orteils. Le pouce, ou gros orteil, est placé sur la même ligne que les autres orteils, c'est pourquoi il ne peut pas s'opposer à eux comme le pouce de la main.

Les orteils des pieds, et les doigts des mains, sont formés chacun de trois pièces appelées *phalanges*, ce qui leur permet de se replier et de s'étendre avec la plus grande facilité. Ils sont terminés et consolidés à leur extrémité par des ongles. Les ongles sont pour les doigts un ornement, un contre-fort, et un instrument de précision. Il faut donc bien vous garder de détruire vos ongles ou de les abîmer d'une façon ou d'une autre.

De quoi est fait notre corps? — De qui notre corps est-il la demeure? — Montrez votre tête et nommez chacun de vos traits? — Quel est le côté droit? — le côté gauche? — Le côté droit et le côté gauche sont-ils symétriques l'un à l'autre? — Expliquez la différence qu'il y a entre deux choses semblables et deux choses symétriques? — Montrez votre bras droit, l'avant-bras, la main? — Montrez l'épaule gauche, le coude et le poignet gauche? — Montrez le pouce et l'annulaire de la main droite? — Montrez l'index, le médius et le petit doigt de la main gauche, etc., etc.?

ORGANES INTÉRIEURS

Les os.

Mais comment votre tête et tous vos membres peuvent-ils se tenir fermes à leur place? Comment vos mains peuvent-elles, à l'aide de leurs doigts, prendre une chose et la serrer, quelquefois si fort! Comment vos jambes et vos pieds peuvent-ils soutenir le poids de votre corps qui est déjà assez lourd? Comment enfin êtes-vous de gentils enfants vous tenant bien solides, bien droits, marchant vite; au lieu d'être de pauvres petites masses de chair incapables de se remuer ni courir, et demeurant inertes dans le coin où on les pose?

Ah ! chers enfants, c'est que l'ouvrier qui a composé le corps de l'homme est un habile artisan, ou plutôt un sublime artiste. Dans tous vos membres, au milieu de votre chair rose et tendre, il a formé des os résistants qui, savamment disposés chacun à sa place, soutiennent de toutes parts votre petite personne, comme les baguettes d'un cerf-volant soutiennent le papier; et comme les pièces de la charpente soutiennent le toit d'une maison.

Il y a des os dans vos bras, dans vos jambes, vos pieds, vos mains. Votre tête est formée de plusieurs os assemblés comme une boîte. Votre dos et votre poitrine sont protégés par de nombreux os courbes, qui sont les *côtes*, votre corps est établi sur les os des hanches, et soutenu en arrière par une chaîne de petits os qui en descendant de la tête forment le cou, et s'appellent des *vertèbres*. La ligne onduleuse formée par les vertèbres depuis la tête jusqu'au bas des reins est ce qu'on appelle la *colonne vertébrale*. C'est votre colonne vertébrale qui vous permet de vous tenir bien droits; et

Rapine sc

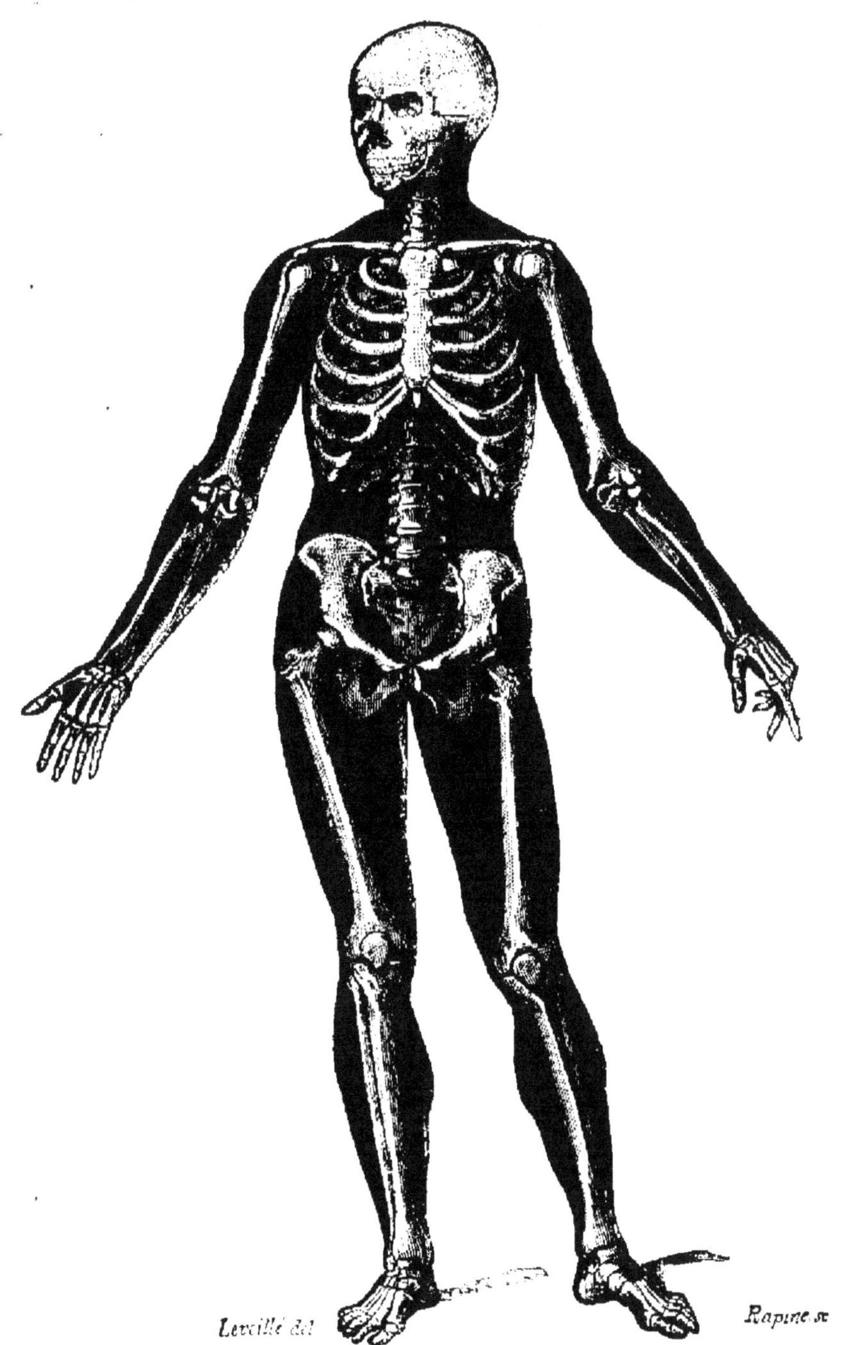

Les os soutiennent notre corps.

elle se tordrait, *dévierait*, si vous preniez la mauvaise habitude de vous appuyer sur une seule hanche ou sur un seul pied, au lieu de vous appuyer également sur les deux.

Quand nous disons que notre charpente osseuse est à notre corps ce qu'est une charpente de bois au toit d'une maison, nous ne faisons qu'une comparaison imparfaite, car outre la matière, la forme, la dimension et l'usage, il y a encore entre ces deux charpentes une immense différence.

Une maison est faite pour rester toujours à la place où elle a été construite; tandis que notre corps est fait pour changer de place, travailler, agir de mille manières diverses.

Aussi les pièces de la charpente de bois sont assemblées solidement, et fixées les unes aux autres par des chevilles et des angles qui les empêchent de bouger; tandis que les pièces de notre charpente d'os, ou *charpente osseuse*, sont libres de tous leurs mouvements, et sont simplement ajustées, et reliées l'une à l'autre par des dispositions dans lesquelles il n'y a ni angles ni chevilles, mais où, au contraire, tout est rond, glisse, et se meut doucement, sans bruit et sans effort.

Est-ce que vous entendez craquer les os de vos jambes quand vous marchez? Ceux de vos bras quand vous portez un panier ou lancez une balle? Est-ce que le mouvement vous fatigue? (à moins que vous n'en fassiez trop). Non, bien sûr. Au contraire, le mouvement vous plaît

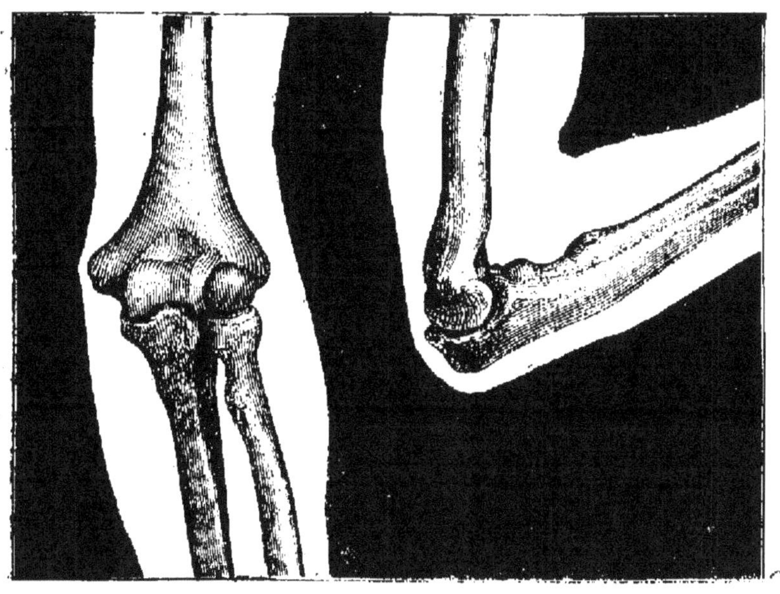

Articulation du coude.

beaucoup, tandis qu'il vous déplairait s'il vous était difficile.

Et voulez-vous savoir comment vos membres exécutent tous vos mouvements avec tant de facilité? Et comment il suffit que vous veuillez lever le bras, tourner le pied ou la tête, pour qu'aussitôt ce mouvement soit exécuté? Eh bien le chapitre suivant va vous en donner l'idée.

QUESTIONNAIRE.

Qu'est-ce qui soutient intérieurement les chairs de nos membres, de nos mains, de nos pieds? — Qu'est-ce qui forme la partie solide de notre tête? — Comment appelle-t-on tous les os qui forment l'enveloppe de notre poitrine? — Comment appelle-t-on la ligne de petits os qui forme le long du dos et des reins le soutien de notre corps? — Comment appelle-t-on l'ensemble de tous les os qui forment la charpente de notre corps?

Les muscles.

Prenez un compas, fermez-le à demi, et attachez une petite bande de caoutchouc d'une branche à l'autre[1]. Quand vous écartez ensuite les deux branches du compas, le caoutchouc s'allonge en s'amincissant. Quand vous rapprochez les deux branches, le caoutchouc se raccourcit en s'élargissant. Cela n'est pas difficile à comprendre n'est-ce pas? Eh bien voilà le mystère, le mécanisme de tous nos mouvements. Les deux branches du compas sont

---

1. Ou deux petites lattes réunies à une extrémité par une pointe.

comme les os d'un même membre : le bras et l'avant-bras par exemple. Le caoutchouc représente notre chair, avec cette différence que le caoutchouc n'est pas vivant, et que vous avez été obligé de l'étendre avec votre main ; au lieu que votre chair est vivante, et qu'elle s'étend ou se resserre toute seule, quand votre esprit l'a voulu.

La chair, c'est cette partie du corps des animaux qu'on achète chez le boucher pour s'en nourrir, et qu'on appelle de la viande ; mais quand on parle de la chair comme organe du mouvement, on lui donne le nom de *muscle*.

Vous savez déjà que les os de nos membres

Muscle du bras appelé *biceps*.

ne sont pas cloués l'un à l'autre comme les deux branches du compas : oh non, ils sont associés d'une manière beaucoup plus parfaite ! Le moyen qui les réunit, en leur permettant de se mouvoir l'un sur l'autre, n'est pas un clou ; c'est un ensemble de formes creuses et saillantes, d'attaches fines et solides, composant ce qu'on appelle : des *articulations*[1].

Ainsi le bras et l'avant-bras figurent les deux branches du compas. Ils sont garnis de muscles, et reliés, à l'endroit où se trouve le coude, par une articulation qui vous permet de replier l'avant-bras, de manière à former avec le bras un angle droit, ou obtus. ou aigu ; ou d'étendre le bras tout droit, ou de le fermer tout à fait. Il en est de même pour le genou, les doigts, et toutes les parties du corps faites pour se replier. Chaque muscle n'est chargé d'exécuter que le même mouvement ; jugez donc, par le nombre de mouvements différents que vous exécutez en jouant ou en travaillant, le grand nombre de muscles qui servent à mouvoir toutes les parties de notre corps[2] !

Avions-nous raison, chers enfants, de dire que le corps de l'homme est une admirable machine ? Elle est en effet admirable de forme, de force, de souplesse, d'agilité, et en même temps de solidité.

1. Voyez page 11, *Articulation du bras.*
2. Environ trois cent cinquante.

Mais aussi c'est que nous avons à faire faire à cette machine des travaux très-variés, exigeant tantôt une grande force, tantôt beaucoup d'adresse : vos mains et vos doigts sont les organes chargés d'exécuter les divers travaux que vous aurez à accomplir dans la vie,

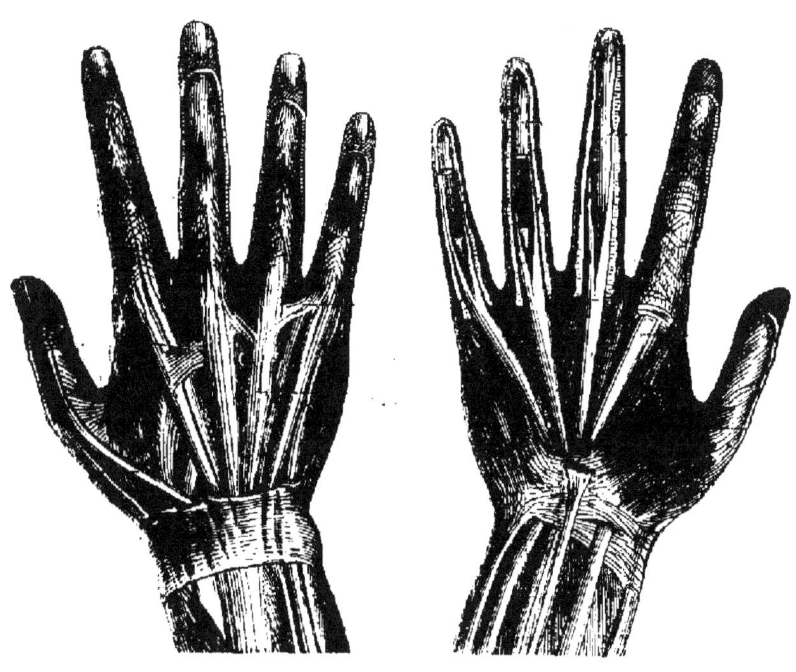

Muscles et tendons de la main.

c'est pourquoi il faut commencer leur apprentissage dès à présent. Il faut vous accoutumer dès l'enfance à faire tous les ouvrages aussi bien d'une main que de l'autre. La main gauche n'est pas plus maladroite ni plus faible que la main droite, quand on l'a exercée ; car c'est l'exercice qui rend fort et adroit. Il faut donc apprendre à travailler des deux mains. Ecrire, dessiner, coudre, porter sa cuiller à sa bouche, donner des coups de marteau, peuvent se faire également des deux mains : c'est un double avantage ; et même le service de la main gauche devient indispensable quand il nous arrive un empêchement de la main droite.

Vous servir adroitement de vos deux mains et de tous vos membres ne suffit pas : il faut savoir vous en servir vivement. Vivement pour ne pas laisser le temps se perdre, parce que le temps ne peut pas être remplacé ; adroitement pour éviter les accidents qui pourraient déranger la marche de votre précieuse petite machine. Ainsi ne point faire de mouvements trop brusques ; ni porter vos camarades, ni aucun fardeau trop lourd pour vous ; ni vous appuyer sur une seule hanche, ce qui vous ferait inévitablement tordre le corps ; ni poser vos bras, vos jambes, vos pieds *à faux ;* c'est-à-dire d'une façon différente de la manière selon laquelle vos membres sont faits pour se mouvoir. Cela d'abord vous donnerait l'air disgracieux, mal fait, et si par malheur vous faisiez une chute dans cette position d'un bras ou d'une jambe *à faux*, vous seriez assurés d'avoir le bras ou la jambe cassés, tout au moins *démis* c'est-à-dire *mis hors de place*. Dans les deux cas il en résulterait pour vous une immobilité plus au moins longue, des souffrances plus ou moins cruelles ; et peut-être une infirmité pour le reste de votre vie.

QUESTIONNAIRE.

Comment nomme-t-on les chairs considérées comme organes de mouvement? — Comment les muscles peuvent-ils mouvoir les différentes parties de notre corps et les faire changer de place? — Un seul muscle est-il chargé d'exécuter plusieurs mouvements?—Quelles sont les deux manières dont nous devons apprendre à agir?—Quels sont les dangers de se placer ou d'agir à faux?

La peau.

Toute la surface de notre corps, nos bras, nos jambes, est couverte et protégée par une enveloppe fine et souple que vous déchirez quelquefois dans vos jeux, petits étourdis, mais qui heureusement se raccommode toute seule. Cette enveloppe fine, souple et merveilleuse, c'est votre *peau*. Vous avez bien vu des peaux d'animaux, du cuir par exemple. Il est beaucoup plus épais que notre peau, parce que les animaux n'ont pas à faire des mouvements aussi délicats ni aussi multipliés que l'homme. Les animaux mammifères ont presque toujours des poils plantés dans la peau; de même que nous avons des cheveux longs et fins plantés dans la peau qui recouvre notre tête.

Quoique notre peau vous paraisse unie, et que le tissu en soit assez serré pour empêcher notre sang de s'échapper au dehors, elle est cependant criblée de petits trous imperceptibles, par lesquels s'évapore la *transpiration* ou la sueur. Nous transpirons continuellement, même sans nous en apercevoir. Il est donc indispensable à notre santé que notre peau fonctionne parfaitement, car ses fonctions sont en quelque sorte le complément de notre respiration : les vapeurs inutiles sortent à la surface de notre peau par la transpiration, comme elles sortent de l'intérieur de nos poumons par l'expiration.

Mais pour que la transpiration s'accomplisse parfaitement, il faut que rien n'obstrue ces petits trous imperceptibles, appelés les *pores* de la peau. C'est là une des raisons pour lesquelles la propreté du corps est pour nous un devoir essentiel. Laver ses mains, ses pieds, son visage, baigner son corps, tenir ses cheveux et sa tête parfaitement propres, sont des précautions absolument nécessaires pour se bien porter. Négliger les soins de propreté c'est s'exposer à des maladies douloureuses et répugnantes. La propreté est aussi pour nous un devoir de bienveillance et de politesse envers nos semblables, à qui nous ne devons pas imposer le dégoût qu'inspire la vue d'une personne malpropre. Enfin c'est envers nous-mêmes un devoir de personnes honnêtes, bien élevées, civilisées, qui se respectent et veulent être estimées des autres.

QUESTIONNAIRE.

Quelle est l'utilité de notre peau? — La peau du corps de l'homme est-elle plus ou moins mince que celle des animaux? — Pour quelle raison est-elle plus fine et plus souple? — Est-il nécessaire de se tenir la peau parfaitement propre? — Pourquoi?

L'ENTRETIEN DE LA VIE.

Une chose à laquelle vous n'avez peut-être pas fait beaucoup attention, chers enfants, c'est que vous grandissez à chaque instant du jour et de la nuit. Peu à la fois sans doute, mais pourtant d'année en année on finit par s'en apercevoir; vos vêtements deviennent trop courts, vos souliers trop étroits, vos gants trop petits : il faut que votre maman renouvelle tout cela de temps à autre. Où donc, s'il vous plaît, prenez-vous de quoi faire la longueur et la grosseur qui s'ajoutent ainsi insensiblement à votre taille? Nous voudrions bien le savoir, car enfin vous ne pouvez faire quelque chose avec rien. Quand votre maman veut allonger vos vêtements, elle est obligée d'y coudre une bande d'étoffe. Quand la table à manger est trop petite pour tout le monde, on y met une rallonge en bois. Vous, que mettez-vous, qu'ajoutez-vous à vos bras, à vos mains, à vos jambes, à votre corps, pour les allonger et les faire grandir et grossir tout à la fois?

Et non-seulement vous les faites grandir et grossir, c'est-à-dire vous y ajoutez ce qui n'y était pas, mais encore vous entretenez ce qui existait déjà. Car notre corps s'use comme tout ce qui sert à quelque chose. En voulez-vous une preuve? Tenez, que vous arrive-t-il lorsque vous avez fait une trop longue route, balayé la maison ou bêché le jardin trop longtemps? Il arrive que vous avez aux pieds ou aux mains des ampoules; c'est-à-dire que votre peau a été usée par le frottement du cuir de la chaussure, ou du manche de la bêche ou du balai, et qu'elle s'est séparée de la chair qui est au-dessous. Dans quelques jours vous verrez bien que cette peau est usée, car elle se desséchera et se détachera d'elle-même comme une chose qui ne peut plus servir.

Puisque votre peau s'use, il faut bien la réparer. Avec quoi la réparez-vous?

Et quand vous vous coupez avec votre couteau, ou que dans une chute vous vous faites un trou au front, avec quoi cette coupure et ce trou se raccommodent-ils?

Ce sont là sans doute des accidents qui pourraient être évités; mais ce qui ne peut être évité, ce qui nécessite une réparation continuelle, c'est l'entretien de votre vie elle même. Votre vie, chers enfants, dépend du bon état de votre corps, et la matière dont votre corps est fait, s'use et se dépense de toutes les manières. Jouer, c'est dépenser; lire, c'est dépenser; penser même, c'est dépenser. Et nous sentons que nous avons dépensé quand nous éprouvons la faim, la soif, la lassitude ou l'envie de dormir.

Manger, boire, c'est-à-dire vous nourrir, est le principal moyen par lequel vous faites croître

votre corps, vous réparez ses dépenses jour-
nalières ainsi que les accidents qui lui arrivent;
et le résultat intérieur par lequel votre corps se
trouve nourri, s'appelle : la *nutrition*. C'est
pourquoi les organes qui servent à cette fonction importante sont appelés : *organes de la nutrition*.

Mais il faut d'abord vous faire très-bien
comprendre ce que veut dire cette expression :
dépenser la matière de notre corps.

QUESTIONNAIRE.

Qu'est-ce qu'entretenir sa vie? — Comment nomme-
t-on les fonctions qui ont pour but d'entretenir notre vie?
— Comment nomme-t-on les organes qui servent à nous
nourrir?

Les dépenses de la vie.

Quand vous avez couru ou travaillé à quelque
ouvrage fatigant, votre visage, toute votre personne est couverte de sueur : vous êtes en *transpiration*. La sueur, vous le savez, est un liquide
qui sort de votre corps à travers les pores de
la peau, et ce liquide parti est autant de matière dépensée.

La transpiration est peu de chose, penserez-vous. Sans doute c'est peu de chose à la fois; mais comme la transpiration a lieu sans interruption, en tout temps, de jour et de nuit, vous finissez par perdre une quantité considérable de cette matière liquide de votre corps.

Une autre dépense encore :

Vous respirez, et chaque fois que vous renvoyez votre souffle, vous rejetez une certaine quantité de vapeurs et de matières gazeuses. L'hiver vous voyez fort bien cette vapeur parce que le froid la condense au sortir de votre bouche. L'été, comme il fait chaud, elle se dissipe dans l'air sans qu'on la voie, mais pourtant elle sort de vous; c'est encore une quantité de matière gazeuse que votre corps perd à chacune de vos expirations. Et comme vous respirez et expirez alternativement, vous perdez de cette autre façon une très-grande quantité de matière.

Puisque notre corps perd sans cesse une partie de la matière qui le compose, il faut absolument, pour qu'il ne périsse pas, que nous lui rendions l'équivalent de ce qu'il perd; c'est-à-dire que nous fassions entrer dans notre corps des matières capables de remplacer, au fur et à mesure, celles qui se dépensent. Voilà tout d'abord pourquoi il nous faut manger et boire, c'est-à-dire nourrir notre corps pour l'entretenir en bon état. Voyez un malade. Il ne mange pas. Aucun aliment n'entre dans son corps : ni pain, ni viande, ni aucune substance capable de remplacer celle qu'il dépense; car il dépense quoique malade. Aussi il maigrit, diminue peu à peu, et bientôt il pèse beaucoup moins que lorsqu'il était bien portant. Mais quand il est guéri il recommence à manger; il répare alors les pertes qu'il a faites; il se recompose du sang, de la chair, et reprend peu à peu son poids et sa vigueur.

QUESTIONNAIRE.

Dépensons-nous, en vivant, une partie de la matière qui forme notre corps? — Citez quelques exemples de matière dépensée? — La transpiration se fait-elle sans cesse, même lorsque nous ne pouvons l'apercevoir? — La respiration nous fait-elle dépenser beaucoup de matière? — Que faut-il faire pour remplacer les matières que nous dépensons sans cesse? — Citez une preuve que le corps s'amoindrit quand on ne remplace pas les matières que l'on dépense sans cesse.

Les dépenses de la vie (suite).

Vous dépensez aussi plusieurs autres choses que de la matière : vous dépensez, par exemple, de la chaleur. Vous savez que si votre main étant chaude se pose sur un objet froid, elle se refroidit elle-même, c'est-à-dire elle perd peu à peu sa chaleur. Notre corps perd sa chaleur comme un vase rempli d'eau bouillante qu'on retire du feu.

Puisque nous perdons sans cesse une partie de la chaleur de notre corps, si nous ne mettions pas en nous ce qu'il faut pour produire de nouvelle chaleur à mesure que la nôtre se dépense, nous péririons de froid, car il nous faut absolument de la chaleur pour vivre.

Outre la matière et la chaleur, vous dépensez aussi de la force. Quand vous agissez, quand vous faites des mouvements, quand vous travaillez ou jouez pendant un certain temps, vous devenez las. Vous ne pouvez plus continuer parce que vous avez employé toute votre force. Puisque votre force est dépensée, il faut que vous vous en refassiez de nouvelle, sans quoi vous resteriez toujours las, et ne seriez plus capables de rien.

Ainsi *de la matière, de la chaleur, de la force*, voilà d'abord trois choses que vous dépensez sans cesse, et qu'il faut absolument remplacer plusieurs fois par jour, par la nutrition, sous peine de périr. Voyons d'abord comment la nourriture recompose la matière en nous, à mesure que nous la dépensons. Nous verrons un peu plus tard comment elle nous fournit aussi de quoi produire de la chaleur et de la force.

QUESTIONNAIRE.

La chaleur de notre corps se dissipe-t-elle sans cesse? — Citez-en des preuves. — Avons-nous absolument besoin de chaleur pour vivre? — Que devons-nous faire pour remplacer la chaleur que nous dépensons sans cesse? — Dépensons-nous aussi de la force? — De quelle manière? — Qu'est-ce qui nous fournit de quoi produire de nouvelle chaleur et de nouvelle force en nous?

Les aliments.

Vous savez tous qu'une fabrique est une maison dans laquelle un certain nombre d'ouvriers exécutent en commun un même genre de travail. On apporte à la fabrique des matériaux de différentes sortes, choisis selon le travail qu'on doit faire. Les ouvriers s'emparent de ces matériaux, les façonnent, les transforment, c'est-à-dire en font les objets particuliers à la fabrique.

Au dedans de notre corps, mes chers enfants, il y a également toute une fabrique servie par un grand nombre d'ouvriers (vous comprenez bien que ceci est une comparaison). Ce qui se fait dans notre fabrique intérieure c'est le grand travail de l'entretien de notre vie. La chose qui doit être fabriquée tout d'abord par les ouvriers qui sont au dedans de nous, c'est du sang. Les matériaux employés à la fabrication du sang c'est le pain, la viande, l'eau, tous les aliments en général. Le travail par lequel les aliments sont transformés en sang s'appelle la *digestion*, et le principal organe, ou, si voulez, le principal ouvrier qui accomplit la fonction de la digestion, c'est l'*estomac*.

Quand on veut fabriquer n'importe quelle chose, il faut choisir les matériaux convenables à cette chose, car tous ne conviennent pas. De même, toute matière n'est pas propre à nous servir d'aliment. Si vous avaliez du sable par exemple, ce sable ne pourrait pas nourrir votre corps, parce que le sable ne peut être transformé en sang. Les matières qui peuvent servir d'aliment sont donc celles qui peuvent être transformées en sang ; et elles le peuvent lorsqu'elles sont composées de matières ayant

quelque chose de semblable à celles dont notre
chair, notre sang et nos os sont eux-mêmes
composés.

A quoi servent les aliments que nous mangeons? —
Toute matière est-elle propre à servir d'aliment? —
Quelles sortes de matières sont propres à servir d'aliments? — Comment s'appelle le travail par lequel les aliments sont transformés en sang? — Quel est le principal
ouvrier ou organe de la digestion?

La digestion (première partie).

Vous êtes peut-être surpris, mes enfants, d'entendre appeler la digestion un travail. En effet,
lorsque vous allez jouer après le déjeuner, ou
dormir après le souper, vous ne vous doutez
guère qu'en jouant ou dormant il se fait un travail au dedans de vous. C'est que ce travail,
qui a pour objet la fabrication du sang, se
fait tout seul. Votre estomac et les autres *organes de nutrition* fonctionnent d'eux-mêmes
sans que vous ayez besoin de vous en occuper,
sans même que vous en ayez connaissance. Pourtant la digestion est un travail, et même il est
si compliqué que vous ne pourriez maintenant

en comprendre tout le détail. Toutefois, il faut que vous sachiez à peu près ce que deviennent ce pain, cette viande, ces fruits que vous croquez de si bon appétit et avec tant de plaisir.

D'abord, il faut vous dire que dans notre bouche, comme en beaucoup d'endroits de notre corps, se trouvent des organes ayant comme les éponges une multitude de petites cavités. Ces organes s'appellent des *glandes*. La fonction des glandes est de fabriquer certains liquides qu'elles laissent couler peu à peu par leurs petites cavités, comme l'eau coule d'une éponge imbibée quand on la presse. Vous avez de petites glandes cachées entre les muscles de votre bouche; ce sont elles qui produisent la *salive*. La salive humecte continuellement l'intérieur de votre bouche, l'empêche de se dessécher, et sert à y délayer les aliments. Quand vous avez tranché avec vos dents *incisives*, ou déchiré avec vos dents *canines* une bouchée de pain ou de viande, la salive amollit cette bouchée et la rend plus facile à broyer, travail qu'exécutent vos dents *molaires*. Bientôt la bouchée est à demi réduite en pâte, et s'en va, comme vous le savez, par le gosier. Là, elle s'engage dans un long tube ou tuyau, par où elle descend dans l'estomac. Ce tube ou conduit par lequel descendent les aliments que vous mangez se nomme l'*œsophage*. Broyer les aliments, les réduire à moitié en pâte en les imprégnant de salive, puis les avaler et les faire descendre par l'œsophage, telle est la première partie du grand travail de la digestion.

QUESTIONNAIRE.

La digestion est-elle un travail? — Le travail de la digestion est-il très-compliqué? — Sentons-nous s'accomplir en nous le travail de la digestion?— Qu'est-ce qu'on appelle une *glande?* — Qu'est-ce que la salive? — Qui fabrique la salive? — Quels sont les noms et les fonctions de nos trois sortes de dents? — A quoi sert la salive? — Comment nomme-t-on le conduit par lequel la nourriture avalée descend dans l'estomac?— En quoi consiste la première partie du travail de la digestion?

La digestion (deuxième partie).

Dans l'intérieur de l'estomac, et pour ainsi dire dans sa doublure, il existe un grand nombre de petits organes à peu près semblables aux glandes qui fabriquent la salive dans notre bouche. De ces glandes de l'estomac sortent des sucs qui se mêlent aux aliments descendus par l'œsophage.

En même temps l'estomac s'agite comme un sac à demi rempli que l'on foule entre ses mains ; de sorte que la pâte alimentaire se mélange avec les sucs de l'estomac, se délaye de plus en plus, et devient une bouillie grise, fine et coulante qu'on appelle : du *chyme*.

Transformer la pâte alimentaire en bouillie ou chyme, en la délayant et la mêlant avec les sucs de l'estomac, telle est la seconde partie du travail de la digestion.

QUESTIONNAIRE.

En quoi consiste la seconde partie du travail de la digestion ? — Quel est l'organe qui remplit cette seconde fonction ? — Y a-t-il des *glandes* dans l'estomac ? — Où sont-elles placées ? — Que deviennent les sucs que produisent ces glandes ? — L'estomac est-il en mouvement quand il digère ? — Que devient l'aliment ainsi délayé ?

La digestion (troisième partie).

L'estomac est un sac qui a deux ouvertures : l'une en haut, vers le milieu, à laquelle aboutit l'œsophage, et par où les aliments entrent dans l'estomac ; l'autre tournée vers le côté droit, et par laquelle les aliments, transformés en chyme, sortent de l'estomac.

En sortant de l'estomac, la pâte alimentaira, ou chyme, coule doucement dans un petit cenal où elle reçoit de nouveaux liquides, que lui versent plusieurs glandes. La plus grosse de ces glandes s'appelle le *foie*. C'est lui qui sécrète la *bile*. Quand le chyme a été mêlé à ces nouveaux sucs, il devient de plus en plus blanchâtre, et coule du petit canal dans un conduit très-long qui y fait suite, et qui est replié en zigzag dans l'intérieur du ventre. Ce long conduit est ce qu'on appelle les boyaux, ou pour mieux parler, les *intestins*.

Transformer le chyme en un liquide laiteux et nutritif, et le faire passer de l'estomac dans les intestins, telle est la troisième partie du travail de la digestion.

QUESTIONNAIRE.

Quelle est la troisième partie du travail de la digestion ? — Où se fait-elle ? — Par où sort la pâte alimentaire transformée en chyme ? — Où va-t-elle ? — Reçoit-elle de nouveaux sucs ? — Quelle est la plus grosse des glandes qui produisent ces sucs ? — Quel est l'effet de ces sucs sur la pâte alimentaire ? — Qu'est-ce que la bile ? — Ou passe ensuite le chyme ? — Qu'est-ce que l'intestin ? — Quelle est sa disposition ?

La digestion (quatrième partie).

Vous rappelez-vous, mes enfants, ce que nous avons dit l'année dernière des racines des plantes? qu'elles sont comme de petits tuyaux extrêmement fins, par lesquels la plante suce pour ainsi dire l'eau de la terre avec les parties nutritives qu'elle contient, pour en composer la séve qui est comme le sang de la plante.

Eh bien! nous aussi, nous avons à l'intérieur de nos intestins de petits organes qui, comme les racines des végétaux, aspirent la partie laiteuse, nutritive, de nos aliments, pour nous en composer du sang; car c'est le sang qui alimente la vie dans l'homme et les animaux, comme la séve alimente la vie dans les plantes.

Vous comprenez, d'après ceci, pourquoi les aliments doivent être broyés par nos dents, puis délayés dans notre estomac, et réduits en bouillie, afin que les petits suçoirs de nos *racines intérieures* (ceci n'est dit que par comparaison) puissent en absorber les parties nourrissantes, devenues liquides, et qu'on appelle alors : du *chyle*.

Et maintenant que vous savez cela, vous n'

vous étonnerez plus que vos parents vous re-
commandent de ne pas manger certaines choses, telles que des fruits verts, par exemple;
ou bien qu'ils vous avertissent de manger peu
de certains aliments, tels que du pain trop frais.
C'est que ces substances ne peuvent pas être
facilement digérées dans l'estomac, quelquefois ne le peuvent pas du tout, et qu'alors elles
ne font que fatiguer inutilement les organes, ou
si vous voulez, les ouvriers de la digestion.

Ce qui reste des aliments dans nos intestins
après que *le bon* en a été retiré, ne nous est plus
utile à nous, et nous le rejetons au dehors; mais
ce reste est très-utile pour féconder les champs,
aussi en fait-on le meilleur des engrais.

Mais les gouttelettes du chyle, ce précieux liquide blanc qui a été pompé par les innombra-
bles suçoirs de nos intestins, que deviennent-
elles? Elles arrivent de toutes parts dans un
même organe de notre corps, et forment un petit
ruisseau, comme les cours d'eau se réunissent
pour former un fleuve. Le petit ruisseau de *liquide blanc* ou chyle coule alors vers le cœur;
il y entre, et bien vite le cœur le fait passer
dans les poumons, où doit s'accomplir une
autre merveille.

Ainsi la séparation qui se fait dans nos intestins, entre la partie nutritive de nos aliments et la partie qui n'est pas nutritive, tel est, mes chers enfants, le quatrième et dernier acte de la digestion.

Mais vous ne savez pas encore au juste ce que sont le cœur et les poumons. Vous les avez tout au plus entendu nommer sans explication. Nous allons vous les faire connaître.

QUESTIONNAIRE.

En quoi consiste la quatrième partie du travail de la digestion ? — Par quoi sont absorbés les sucs nourriciers contenus dans les aliments qui traversent l'intestin ? — A quoi ressemblent ces petits tuyaux absorbants ? — Y a-t-il quelque rapport entre leur fonction et celle de la racine des plantes ? — Que deviennent les sucs absorbés ? — Une fois réunis où se rendent-ils ? — La partie de nos aliments qui est impropre à former du sang, et que notre corps rejette, est-elle utile à quelque chose ? — Tous les aliments sont-ils également faciles à digérer ? — Qu'arrive-t-il si on mange des aliments de mauvaise qualité ou en trop grande quantité ?

Le cœur.

Notre cœur, mes chers amis, est un muscle, et ce muscle est l'ouvrier le plus laborieux de notre petite maison, nous voulons dire de notre corps. Il travaille sans interruption depuis le premier instant de notre vie, et il ne s'arrêtera qu'au moment de notre mort. Nous ne pouvons pas voir le travail que fait intérieurement notre cœur, mais nous pouvons le sentir travailler. Posez votre main sur votre poitrine, entre le cou et l'estomac, un peu à gauche. Sentez-vous quelque chose? de petits coups frappés à l'intérieur? Oui; eh bien! c'est votre cœur qui est là, et c'est lui qui travaille.

Oh! il n'a ni marteau ni enclume, et ce ne sont point en réalité des coups qu'il donne; ce sont des mouvements vigoureux qu'il fait. Le cœur est une espèce de petite pompe fonctionnant toute seule. Il a quatre cavités: deux à droite communiquant entre elles, et deux à gauche communiquant aussi. A mesure qu'un liquide pénètre dans l'une de ses cavités, cette cavité se resserre, se *contracte*, et pousse le liquide dans la cavité inférieure avec laquelle elle est en communication. Quand donc le chyle arrive dans le cœur, la cavité supérieure de droite s'ouvre d'abord pour le recevoir. Puis aussitôt, comme si elle lui disait : « Passe! » elle se contracte et pousse le chyle dans l'autre cavité. Celle-ci à son tour en fait autant, et pousse le liquide plus loin. Où va alors le chyle? Il va tout droit devant lui, sans crainte de s'égarer, en suivant des chemins qui le conduisent dans les poumons.

Le cœur, quoique petit, se contracte avec tant de force, que ses mouvements peuvent être sentis du dehors : ce sont eux qu'on appelle les *battements* ou les *pulsations* du cœur.

QUESTIONNAIRE.

Où est situé notre cœur ? — A quoi reconnaissez-vous la place où il se trouve ? — Le cœur est-il un muscle ? — Ce muscle est-il divisé intérieurement en plusieurs petites chambres ou cavités ? — A quoi servent ces cavités ? — Où va le chyle lancé par les pulsations de notre cœur ? — Quand notre cœur a-t-il commencé de battre ? Quand cessera-t-il de battre ?

Les poumons.

Vous savez déjà, mes enfants, ce que c'est que *respirer*. C'est attirer, aspirer de l'air par le nez ou par la bouche, et le faire entrer dans notre poitrine. Mais par quels moyens, comment faisons-nous pour attirer l'air et l'introduire en nous? Simplement en élargissant notre poitrine, dans laquelle il entre par cela seul que nous lui faisons de la place. Vous savez fort bien ce que c'est qu'un soufflet de cheminée.

Examinez-en le mécanisme. Quand vous écartez les deux poignées, le soufflet s'élargit, et l'air pénètre dans sa cavité. L'air pénètre dans le soufflet par le tuyau qui est au bout, et par une autre ouverture faite à la face inférieure : c'est comme si le soufflet *respirait*. Mais quand vous rapprochez les deux poignées, le soufflet s'aplatit, la cavité se resserre, et l'air qu'il contenait n'ayant plus de place, est forcé de sortir par le tuyau; c'est alors comme si le soufflet *expirait*.

Nous faisons exactement de même. Quand notre poitrine a respiré de l'air en s'élargissant, elle se resserre, et repousse au dehors une partie de l'air qu'elle avait aspiré. Faites-en l'expérience en gonflant votre poitrine et la resserrant tour à tour, ou plutôt observez cette expérience, car vous l'exécutez depuis que vous êtes au monde. Les vapeurs qui sortent de votre poitrine, vous pouvez facilement les apercevoir, surtout en hiver, quand le froid leur fait prendre la forme d'un petit nuage au sortir de votre bouche. Ou encore, si vous dirigez votre souffle contre une vitre ou une glace, vous le voyez alors ternir la glace, et former de petites gouttelettes comme une légère rosée.

Notre poitrine ressemble donc un peu à un soufflet, mais le soufflet est vide à l'intérieur; tandis que notre poitrine renferme à droite et à gauche deux grands organes qu'on appelle les *poumons*. Les poumons sont très-légers, criblés de petits trous comme les éponges ; et ces petits trous se remplissent d'air comme les éponges se remplissent d'eau. Quand l'air emplit les poumons, ils grossissent comme grossit une éponge quand elle se remplit d'eau. Quand l'air s'en va, ils se resserrent comme se resserre l'éponge quand l'eau en est sortie. Enfin, on peut dire que les poumons sont des éponges à air, qui s'emplissent et se désemplissent selon que nous élargissons ou resserrons notre poitrine.

Bien que l'air entre par notre bouche pour descendre dans notre poitrine, il ne passe pas par le même chemin que nos aliments. Dans l'ouverture qui est au fond de notre bouche s'ouvre un autre conduit plus grand que celui par lequel passe la nourriture, et situé plus en avant : celui-là est comme le tuyau de notre soufflet. L'ouverture du conduit de l'air s'appelle le *larynx*. Vous pouvez sentir le larynx en posant vos doigts sur le devant de votre cou ; il est un peu dur, et il vibre quand vous chantez. C'est par le larynx que l'air entre et sort dans l'acte de la respiration.

Comme nos deux poumons sont distincts

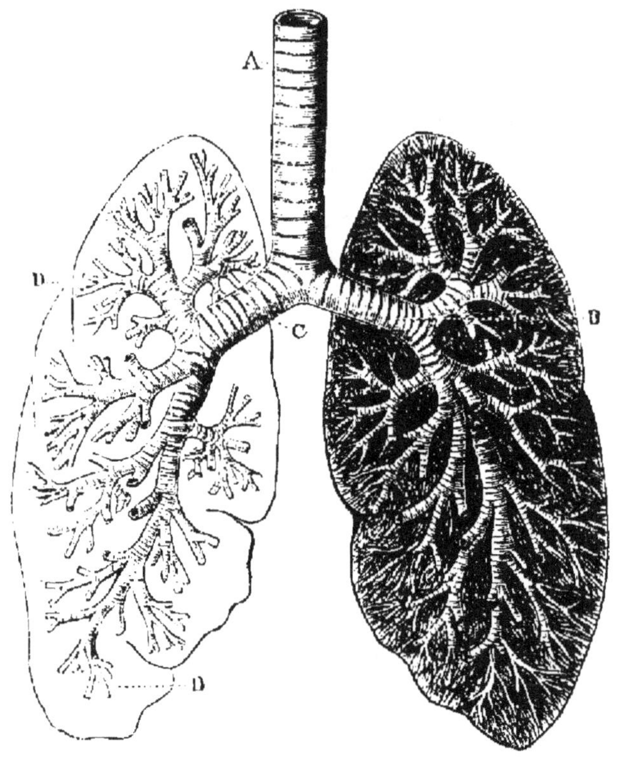

Conduits de l'air dans les poumons.

l'un de l'autre, le conduit de l'air se divise vers le bas du cou en deux branches distinctes, pour conduire l'air dans l'un et dans l'autre poumon. Ces deux branches sont ce qu'on appelle les *bronches*.

Maintenant que vous connaissez l'importance

de la fonction de *respiration*, vous comprendrez pourquoi un air vif et pur nous fait tant de bien ; et pourquoi l'air étouffant, renfermé, mêlé de poussière, de mauvaises odeurs, et des gaz que produit la respiration de plusieurs personnes réunies longtemps dans une chambre, peut amener des maladies. Vous comprendrez combien il vous est utile de vivre dans un air pur. Alors vous irez jouer au grand air quand il ne pleuvra pas. Vous aurez soin de maintenir la propreté en vous et autour de vous, d'éloigner tout ce qui pourrait produire de mauvaises odeurs ; et d'ouvrir les fenêtres pour renouveler l'air dans vos classes et dans vos demeures.

QUESTIONNAIRE.

A quoi pouvons-nous comparer l'intérieur de notre poitrine ? — Quels mouvements fait la poitrine dans la respiration ? — Bien qu'on ne voie qu'une seule ouverture au fond de la gorge, ne s'y trouve-t-il pas deux chemins ? — Comment s'appelle l'ouverture de celui par où l'air entre dans la poitrine et en sort ? — Pourquoi le conduit de l'air est il divisé en deux branches ? — Comment nomme-t-on ces deux branches ? — La capacité de la poitrine est-elle vide ? — Que renferme-t-elle ? — A quoi pourrions-nous comparer les poumons ? — Qu'arrive-t-il quand la poitrine s'élargit ? — Quand elle se resserre ? — En quoi consiste la fonction de la respiration ? — Pouvons-nous apercevoir les vapeurs qui s'exhalent par la respiration ? — Citez une petite expérience qui les fait apercevoir facilement ? — L'air pur étant nécessaire à la respiration, quelles précautions devons-nous prendre pour respirer convenablement ? — L'air humide, rempli de vapeurs, celui qui remplit un espace étroit où se trouvent plusieurs personnes réunies, est-il malsain ?

Formation du sang.

Voici donc le chyle, le fruit précieux de la digestion, l'essence de nos aliments, arrivé dans nos poumons. Que vient-il y faire ?...

Mais d'abord il faut vous souvenir qu'il n'est pas seul à y venir. L'air entré du dehors par la respiration se trouve aussi dans les poumons. Alors il se fait entre l'air et le chyle une rencontre ; et c'est justement, et uniquement pour se rencontrer, que l'air est venu d'un côté, et le chyle de l'autre. Ils se rejoignent dans toutes les petites cavités des poumons; et ils s'unissent si fort, si intimement l'un à l'autre, que chacun d'eux cesse d'être lui même pour former avec l'autre une seule substance. Donc, aussitôt qu'ils se sont unis il n'y a plus ni air, ni chyle : il y a.... *du sang rouge!* Le sang est né! le sang est formé! Et l'acte par lequel l'air et le chyle l'ont produit s'appelle : une *combinaison*.

Les parties de l'air aspiré qui n'ont pas servi à la formation du sang, sont rejetées hors de nos poumons; et vous savez que pour les rejeter il suffit que la poitrine se resserre : c'est ce qu'on appelle *l'expiration*.

QUESTIONNAIRE.

Où va le chyle en sortant du cœur? — Que rencontre-t-il dans les poumons? — Qu'arrive-t-il au chyle quand il se trouve ainsi en contact avec l'air qui remplit les poumons? — Que produit la combinaison du chyle et de l'air?

La circulation du sang.

Voilà donc achevée la fabrication de ce beau sang rouge, trésor pour lequel nous avons mangé, digéré, et respiré. Que va-t-il devenir maintenant? Va-t-il rester dans nos poumons comme un paresseux qui possède la force, la santé, et ne veut rien faire? Oh! pas du tout, chers enfants. Dans l'organisation économique de la nature en général, et de l'homme en particulier, il n'y a point de paresseux. Tous les organes consentent au travail, et tous concourent à l'entretien de la vie.

Donc le sang rouge une fois formé, et capable d'entretenir notre vie, descend vers le cœur (du côté gauche cette fois), comme un porteur de pain qui, sa hotte remplie, se présente devant son maître et lui dit : « Me voilà chargé de nourriture, où dois-je la porter? » Alors, semblable au maître qui répondrait : « Porte ce pain chez toutes mes pratiques, sans en oublier une seule, et rapporte-moi les vieux restes, afin que j'en refasse du pain nouveau, » le cœur, pour toute réponse, fait un battement, et pousse le sang rouge dans toutes les parties de notre corps : dans la tête, les bras, les jambes, les pieds, les mains, le visage.

Les chemins par lesquels le sang rouge sort des cavités gauches du cœur, et s'en va porter la nourriture à toutes les parties de notre corps, s'appellent des *artères*. Il y a de grosses artères, de moyennes, de petites, de fines comme les cheveux, de plus fines encore. Et il y en a un si grand nombre que vous ne pouvez vous piquer à aucun endroit de votre corps sans qu'il en sorte du sang ; ce qui prouve que vous avez atteint et percé un ou plusieurs des petits conduits qui le contiennent. Ces conduits en forme de tubes sont appelés *vaisseaux*, c'est-à-dire vases ou contenants. On donne le même nom à tous les conduits de notre corps qui contiennent des liquides. Ceux qui contiennent le sang sont appelés *vaisseaux sanguins* : telles sont les artères.

Notre sang parcourt donc nos artères depuis le cœur jusqu'à la surface de notre corps. Et comme le porteur de pain qui donnerait sa marchandise à toutes les personnes devant lesquelles il passe, afin qu'elles aient de quoi manger, le sang donne les parties nutritives qui font sa belle couleur rouge à toutes les parties de notre corps qu'il parcourt, afin qu'elles s'en nourrissent. Car notre corps s'usant, se dépensant comme nous vous l'avons dit, il a besoin d'être continuellement réparé pour ne pas tomber en ruines.

Mais vous vous rappelez que le maître boulanger a dit au porteur de pain : « Rapporte-moi les vieux restes afin que j'en refasse du pain nouveau. »

Le sang exécute ce que le maître a commandé. En distribuant sur son chemin la nourriture fraîche, il a ramassé partout les vieux restes qui ne pouvaient plus servir tels qu'ils étaient, et il les rapporte au cœur afin que celui-ci les envoie dans les poumons, où il en est refait du sang nouveau.

Tous ces vieux débris mêlés au sang, lui donnent une vilaine couleur foncée, d'autant plus qu'il a dépensé son beau rouge en parcourant les artères ; de sorte que les vaisseaux par lesquels il revient vers le cœur paraissent noirs. Vous pouvez les voir à travers votre peau, car ces vaisseaux, ce sont les *veines*.

Quant aux artères on ne les voit pas. Comme le sang est plus précieux, plus riche lorsqu'il va que lorsqu'il revient, les artères ont été cachées par Dieu dans l'épaisseur des chairs, afin de les mettre à l'abri des accidents.

Et comment va-t-il rentrer dans le cœur ce sang noir qui, il y a peu de temps, en était parti si rouge et si beau ? Comment ? Cela est très-facile à comprendre ; il entre dans le cœur par la même porte et les mêmes cavités de droite que le chyle, produit de la digestion. Ensemble ils sont lancés par le cœur dans les poumons ; ensemble ils se combinent avec l'air, et deviennent un beau sang rouge qui redescend dans les cavités gauches du cœur, dont les battements vont le lancer de nouveau par les artères dans toutes les parties de notre corps.

Mais la totalité des vieux restes apportés par le sang noir n'est pas employée dans la fabrication du nouveau sang rouge. Il s'y trouve mélangé un gaz qui nous serait nuisible s'il restait en nous, aussi est-il repoussé au dehors par l'expiration. Ce gaz qui se répand dans l'air est, comme les restes de notre digestion, utile à la nourriture des plantes. Ainsi rien n'est perdu, et tout se renouvelle l'un par l'autre dans la nature.

Vous voudriez peut-être bien savoir comment est fait ce cœur merveilleux, si fort, si puissant et si caché, qui trouve le moyen de bien faire à la fois deux choses différentes : lancer dans nos poumons les éléments du sang rouge, et lancer le sang rouge dans nos artères pour entretenir notre corps. Ceci, mes enfants, sera pour l'année prochaine. Contentez-vous aujourd'hui de savoir que ce voyage continuel du sang à travers 1° le cœur et les poumons, avec retour au côté gauche du cœur, 2° le cœur, les artères et les veines, avec retour au côté droit du cœur, s'appelle la *circulation du sang*. La digestion, la respiration, et la circulation, sont les trois grands moyens inventés par Dieu pour nourrir notre corps, et entretenir en nous la vie qu'il nous a confiée.

Chaque partie de notre corps a-t-elle besoin d'être nour-
rie? — Qui doit lui porter sa nourriture? — Le sang cir-
cule-t-il sans cesse? — Où va le sang lancé par le côté
gauche du cœur? — Comment nomme-t-on les vaisseaux
par lesquels le sang va du cœur dans les différentes parties de notre corps? — Quand le sang a parcouru notre
corps, a-t-il perdu ses qualités nourrissantes? — Quel
changement de couleur se fait quand le sang a perdu ses
qualités nourrissantes? — Où va le sang ainsi appauvri?
— Comment nomme-t-on les vaisseaux par lesquels le
sang noir retourne au cœur? — Pouvons-nous apercevoir quelques-unes de nos veines? — Le sang noir ne
rapporte-t-il pas aussi des matières nuisibles? — Comment nous débarrassons-nous de ces matières? — Résu-
mer en quelques mots les deux voyages du sang, ou les
deux parties de la circulation.

LES SENSATIONS.

Nous venons d'étudier, mes enfants, les trois
grandes fonctions qui servent à entretenir notre
vie : 1° l'alimentation, 2° la respiration, 3° la
circulation. Parmi toutes les fonctions qui s'ac-
complissent en nous, les trois que nous venons
de nommer sont les principales.

Mais entretenir en nous la vie n'est pas l'u-
nique chose que nous ayons à faire. Nous vivons pour agir; à quoi nous servirait d'être

vivants si nous ne faisions rien? Pour agir sage-
ment il faut penser, et pour penser avec justesse, il faut sentir et connaître. Donc, mes
chers enfants, la première chose que nous avons
à faire, c'est d'apprendre à connaître ce qui
nous environne; savoir où nous sommes, et
particulièrement ce qui se passe dans le pays
et le temps où nous vivons.

Nous possédons, vous le savez, des organes
disposés tout exprès pour nous permettre d'apprendre; ce sont les organes de nos *sens* : nos
yeux, nos oreilles, notre nez, notre bouche,
nos mains.

Apprendre à connaître toutes les choses qui
sont autour de nous, c'est-à-dire à distinguer
les *couleurs* et les *formes*, les *sons*, les *odeurs*, les
saveurs, le *contact* des objets, et apprendre tout
cela par les organes des *sens*, cela s'appelle
sentir [1].

---

1. La saveur est la qualité particulière par laquelle les
aliments se font reconnaître dans notre bouche : le sucre
est doux, le poivre pique, voilà des saveurs. Les fruits ont
chacun une saveur particulière. On dit à tort : le goût de
la pomme, de la viande : c'est *la saveur* qu'il faudrait
dire. C'est nous qui avons le sens du goût, nous *goûtons* les
aliments, c'est-à-dire, nous apprécions leurs saveurs.

Ce que nous éprouvons en voyant une couleur, en entendant un son, en flairant une odeur, en goûtant une saveur, en touchant un objet, se nomme une *sensation;* et la faculté qui nous rend capable d'éprouver des sensations s'appelle la *sensibilité*. Si nous n'éprouvions point de sensations, nous n'aurions aucune connaissance de ce qui se passe autour de nous, et par conséquent nous ne pourrions nous en faire aucune idée. Par exemple, un homme né aveugle ne peut pas se faire une idée des couleurs ; un sourd de naissance ne peut pas se faire une idée de la musique, ni de votre voix, ni d'aucun bruit. Plus tard nous vous expliquerons comment les organes des sens sont faits à l'intérieur, et comment ils fonctionnent. Cependant vous pouvez comprendre, dès à présent, que puisque vos sens ont une si grande valeur pour vous, il est de votre intérêt, et même de votre devoir, de les conserver comme un trésor; et de ne rien faire qui puisse en déranger le mécanisme admirable. Par exemple, ne pas fatiguer vos yeux en regardant une lumière trop vive, ni vos oreilles par des bruits trop forts ou des cris discordants ; et ainsi des autres.

Mais s'il ne faut pas fatiguer nos sens, il faut

les exercer afin qu'ils deviennent habiles, capables d'éprouver des sensations bien exactes, et par conséquent de bien renseigner notre intelligence sur ce qui se passe. Habituez vos yeux à distinguer parfaitement les couleurs ; vos oreilles à reconnaître exactement les sons ; vos deux mains à exécuter délicatement tout ce qu'elles font. Plus vos sensations seront parfaites, mieux vous apprendrez toutes choses. Plus aussi vos idées acquerront de justesse, de netteté ; et plus, par conséquent, vous deviendrez capables de vous employer utilement dans le cours de votre vie.

QUESTIONNAIRE.

Y a-t-il d'autres fonctions vitales que les trois grandes fonctions dont nous avons parlé ? — Qu'est-ce que sentir ? — Citez les noms des sens et de leurs organes. — Qu'appelle-t-on une sensation ? — Si nous n'éprouvions pas de sensations pourrions-nous avoir connaissance de ce qui nous entoure ? — pourrions-nous nous en faire une idée ? — Quel devoir avons-nous à l'égard de nos sens ? — Que devons-nous éviter pour les ménager ? — Que devons-nous faire pour les perfectionner ? — La justesse de nos idées tient-elle en partie à l'éducation plus ou moins bonne de nos sens ?

PREMIÈRES NOTIONS
DE PHYSIQUE

LA MATIÈRE ET LE MOUVEMENT.

I. La matière est étendue.

L'année dernière, mes enfants, on vous a dit ce que c'est que la matière. Vous avez appris à distinguer les objets *matériels*, c'est-à-dire *formés de matière*, des choses qui ne sont pas matérielles, comme l'intelligence, la pensée[1]. Nous allons réfléchir un peu sur ce sujet.

Quand un objet matériel existe, il faut nécessairement qu'il soit quelque part; et, là où il est, il tient plus ou moins de place, suivant qu'il est plus ou moins grand. Ainsi, une vaste maison tient un grand espace, un éléphant en occupe moins, un livre en occupe peu, et un grain de sable beaucoup moins encore. Pourtant

1. Choses inétendues.

ce grain de sable, si petit qu'il soit, occupe toujours une place; de même un liquide tient une place dans le vase qui le contient. L'espace qu'occupe un objet s'appelle l'*étendue* de cet objet. Ainsi, nous disons qu'une montagne a une étendue immense, et qu'un grain de sable a très-peu d'étendue.

Tout objet formé de matière a donc une étendue grande ou petite; c'est ce qu'on exprime en disant : la *matière est étendue;* et par conséquent ce qui occupe de l'espace, ce qui est étendu, est de la matière.

Vous savez aussi, mes enfants, que tous les objets matériels ont une certaine forme. Ainsi, une boule est ronde, un bâton est long, les faces d'un cube sont carrées. C'est pourquoi on dit : tout ce qui est matière a une forme.

Mais les choses qui ne sont pas matérielles, comme la raison, la conscience, n'ont pas de forme. Vous savez fort bien qu'on ne peut pas dire : cette pensée qui me vient à l'esprit est ronde ou carrée; l'intelligence de cet enfant a la forme d'un cône ou d'un cylindre.... Cela n'aurait pas de sens. Les choses qui ne sont pas formées de matière n'occupent pas non plus de

place ; elles ne sont pas *étendues ;* on les appelle
pour cette raison choses *inétendues* (le mot in-
étendu veut dire : qui n'est pas étendu ; comme
injuste veut dire : qui n'est pas juste ; *incapable,*
qui n'est pas capable).

QUESTIONNAIRE.

Tout objet matériel occupe-t-il nécessairement une certaine place ?

Qu'appelle-t-on l'*étendue* d'un objet ?

Cette étendue peut-elle être plus ou moins grande ? —
Citez des objets d'une grande étendue ? — d'une petite
étendue ?

Que signifie cette phrase : *la matière est étendue* ?

Toute chose étendue a-t-elle une *forme* ?

Ce qui n'est pas matière occupe-t-il de l'espace ? — Peut-
il avoir une forme ?

Comment désignera-t-on les choses qui n'ont ni forme
ni étendue ?

II. Deux objets ne peuvent occuper à la fois le même espace.

Je suppose qu'il y ait sur votre table un encrier, si vous voulez mettre un presse-papier
à la place où se trouve l'encrier, dans l'espace
même qu'il occupe, il faut absolument que
d'abord vous ôtiez l'encrier. Tant que l'encrier

restera là, vous ne pouvez rien mettre à la place qu'il occupe. Vous pouvez mettre le presse-papier tout auprès, dessus, dessous, à sa droite ou à sa gauche, mais non dans l'espace même où il se trouve. Cette place occupée par l'encrier n'est plus à prendre. Ainsi, *plusieurs objets ne peuvent occuper à la fois le même espace.*

De même, si vous versez de l'eau dans un verre, le liquide occupe le creux du verre, l'espace existant dans l'intérieur du verre; mais non pas l'espace où est la matière même dont le verre est formé.

Dans ce verre rempli d'eau, nous voulons plonger une pomme. Comme l'eau et la pomme ne peuvent à la fois occuper le même espace, il faut que l'eau s'en aille pour céder la place à la pomme. Et en effet, dès que la pomme plonge, l'eau déborde et sort du verre.

Si au lieu d'un objet solide, je veux mettre un liquide dans le verre déjà plein, il déborde encore; l'espace étant rempli je ne puis plus rien y mettre. Il est donc bien évident que deux matières, quelles qu'elles soient, ne peuvent occuper en même temps le même espace.

QUESTIONNAIRE.

Deux objets peuvent-ils occuper à la fois le même espace ?

Le liquide qui pénètre dans une éponge occupe-t-il la place qu'occupe l'éponge elle-même ? — Où est-il logé ?

Citez une preuve qu'un liquide ne peut continuer d'occuper l'espace dans lequel on plonge un solide.

III. La matière est divisible.

Prenons une matière solide, mais peu résistante, un morceau de craie par exemple, ou un crayon blanc. Il nous est très-facile d'écraser ce morceau de craie, de manière à le réduire en une poussière blanche, tellement fine que nous ne puissions plus en distinguer les parcelles, et que le moindre souffle l'emporte. Le morceau de craie sera ainsi *divisé* en un nombre immense de parcelles excessivement petites.

Si au lieu d'un morceau de craie, nous prenons un morceau de pierre excessivement dure et résistante, un caillou par exemple, nous pourrons encore le réduire en poussière, mais avec beaucoup plus de peine. Pour écraser les matières dures, on les place dans un vase épais et de nature très-solide qu'on appelle un *mor-*

tier; puis, avec un pilon également très-dur, on réduit la matière en poussière. Réduire une matière en poussière est ce qu'on appelle *pulvériser* cette matière. Toutes les matières, tendres ou dures, peuvent être pulvérisées ou divisées en très-petites parcelles ; c'est pourquoi on dit : *toute matière est divisible.* Si tout morceau de matière peut être divisé, c'est nécessairement qu'il est formé de parcelles excessivement petites, réunies par la nature pour former cette matière, et que l'on sépare de nouveau en broyant ou pulvérisant la matière qui en est composée.

QUESTIONNAIRE.

Qu'appelle-t-on *diviser* une matière ?

Toute matière est-elle divisible ?

Comment peut-on réduire en parcelles ténues les matières les plus dures ?

Que prouve la possibilité de diviser toute matière en parcelles excessivement petites ?

IV. Les trois états de la matière.

Depuis longtemps déjà vous savez distinguer les solides des liquides, et même distinguer les liquides de *l'air ;* de cet air qui nous entoure, qui est transparent, invisible, et si divisible que nous ne pouvons le saisir dans notre main.

Pourtant l'air est aussi une matière; et vous le touchez d'une certaine façon, car vous sentez fort bien le vent, et le vent c'est de l'air agité. Vous sentez donc l'air, mais vous ne le voyez ni ne pouvez le prendre. Il y a cependant un moyen de rendre l'air visible : c'est de le faire passer dans un liquide.

Prenez un verre plein d'eau, et posez-le sur la table; puis plongez-y une paille allant jusqu'au fond du verre, et soufflez doucement dans cette paille. Aussitôt vous verrez de petites bulles se former à l'extrémité de la paille, monter à travers le liquide sous forme de petites sphères brillantes, et venir éclater à la surface. Ces bulles sont formées de l'air que vous avez introduit dans l'eau en soufflant dans la paille, et que l'eau, plus pesante que lui, chasse pour prendre sa place.

Voilà donc de l'air devenu *visible*, et écartant la matière liquide pour se frayer un passage. Si l'air *tient de la place*, l'air est donc une matière? Oui, l'air est une matière; la matière de l'air n'est ni solide, ni liquide, c'est une matière gazeuse.

Il y a beaucoup d'autres matières légères, transparentes, insaisissables comme l'air, et qu'on ne peut voir que lorsqu'elles traversent des liquides sous forme de petites bulles. Toutes ces matières sont, comme l'air, des matières gazeuses; on les appelle des *gaz*.

Dans quel cas peut-on percevoir l'existence de l'air par la vue? — Y a-t-il d'autres matières légères et insaisissables comme l'air? — Comment les nomme-t-on? — Comment appelle-t-on la *manière d'être* de la matière solide? — liquide? — gazeuse?

V. La matière est mobile.

Un être ou un objet matériel, comme un oiseau, un chapeau, un fruit, une voiture, occupe nécessairement une place quelque part, mais il n'est pas toujours à la même place. Tout objet matériel peut changer de place ou de position, c'est ce qu'on appelle le *mouvement*. Lorsqu'un objet change de place, on dit qu'il *est en mouvement*.

Mettez sur la table un poids de cinq grammes. Poussez-le du doigt, il changera de place; il était à droite, le voilà à gauche. Il était sur sa base, le voilà sur le côté. Si au lieu d'un poids de cinq grammes, c'était un poids de mille grammes ou un kilogramme, vous seriez obligés de pousser plus fort; mais vous le feriez néanmoins changer de place ou de position.

Tout objet matériel, quel qu'il soit, peut changer de place ou de position si on emploie la force nécessaire pour le mettre en mouvement. C'est ce qu'on exprime en disant que *toute matière est mobile,* c'est-à-dire, peut être mise en mouvement.

Revenons à notre petit poids.

Le voilà posé sur la table : si personne n'y touche, si rien ne le pousse, il ne changera pas de place tout seul; il restera là tranquille, et si nous revenons demain, nous sommes sûrs de le retrouver là où nous l'avons laissé. Dans un mois, dans un an, il y sera encore, et ainsi de tout autre objet formé uniquement de matière, parce que la matière est inanimée. C'est pourquoi on dit : *la matière ne peut se mettre en mouvement d'elle-même.*

QUESTIONNAIRE.

Tout objet peut-il être changé de place?
Qu'est-ce que le *mouvement?*
Que signifient ces mots : toute matière est *mobile?*
La matière peut-elle se mettre en mouvement par elle-même? — Pourquoi non?

VI. La force.

Puisqu'un objet ne peut se mettre en mouvement de lui-même, quand cet objet se meut, il y a donc quelque chose qui le fait mouvoir? Sans nul doute, puisque la matière ne peut se mouvoir d'elle-même. Si votre balle bondit en l'air, c'est que vous l'avez lancée. Si les arbres se balancent, c'est que le vent les fait plier. Si un brin d'herbe arraché suit le cours du ruisseau, c'est que le courant l'emporte. Si votre bras ne l'avait pas lancée, la balle ne bondirait pas; s'il ne faisait pas de vent, l'arbre ne se balancerait pas; si le ruisseau n'avait pas de cours, le brin d'herbe resterait à la même place.

Pour qu'un objet se meuve, il faut donc une cause qui le fasse mouvoir : le mouvement a toujours une *cause*. La cause de tout mouvement, la cause qui fait changer un objet de place ou de position, s'appelle *une force*.

Vous savez cela, mes enfants, car si on vous demande : Quelle est la cause du mouvement de la balle que vous lancez? Vous répondrez : c'est la force de mon bras. Et si on vous demande : Quelle est la cause du mouvement de cet arbre qui se balance? Vous répondrez : c'est

la force du vent. C'est la force du courant
qui entraîne le brin d'herbe, et si c'était un tor-
rent au lieu d'un ruisseau, la force du courant
entraînerait les arbres et les rochers. De même
encore, c'est la force du cheval qui fait rouler
la voiture; c'est la force de l'eau qui fait tourner la roue du moulin; c'est la petite force de
notre souffle qui fait voltiger une plume légère.
Plus un objet est lourd, plus il faut de force
pour le mouvoir. Ainsi, vous avez dû pousser
plus fort, c'est-à-dire employer plus de force,
pour déplacer ou renverser un poids d'un kilogramme, que pour renverser un poids de cinq
grammes.

Voilà qui est bien entendu : tout ce qui fait
mouvoir un objet matériel, toute cause du
mouvement des êtres ou des objets faits de matière, est une *force* grande ou petite.

QUESTIONNAIRE.

Tout mouvement a-t-il nécessairement une cause?
Comment nomme-t-on toute *cause de mouvement?*
Une force doit-elle être plus ou moins grande selon le
poids des objets?

VII. La direction du mouvement.

Posons une bille sur la table. Nous lui donnons un léger coup du doigt. La petite force de ce coup suffit pour mettre la bille en mouvement ; nous la voyons rouler doucement sur la table, se ralentir, puis s'arrêter, et la bille a changé de place.

Mais pour aller de la place qu'elle occupait d'abord à la place où elle s'est arrêtée, elle a dû suivre un certain chemin sur la table. Elle n'a pu aller d'un endroit à un autre sans passer par tous les points du chemin situés entre celui de son départ et celui de son arrivée. Quand vous lancez doucement votre ballon en l'air, vous le voyez monter d'abord d'un côté, puis redescendre du côté opposé, et enfin toucher la terre. Pour aller de votre main à l'endroit où il tombe, le ballon suit un certain chemin à travers l'espace.

Tout chemin suivi par un objet est une ligne. La bille, en roulant sur la table, a suivi une ligne que nous pourrions tracer ; votre ballon a suivi dans l'air un chemin qui est une autre ligne. Nous ne pouvons tracer dans l'air la ligne parcourue par le ballon, mais en le suivant des yeux, nous avons parfaitement distingué cette ligne, et nous pourrions la dessiner de mémoire sur le papier.

Ainsi tout objet qui change de place, parcourt un chemin qu'on appelle une ligne. Cette ligne est droite ou courbe; et l'objet, pour aller de son point de départ à son point d'arrivée, est obligé de passer successivement par tous les points de cette ligne. C'est ce que vous observerez très-bien en faisant rouler une bille le long d'une fente du plancher : vous verrez la bille passer successivement par tous les points de la ligne figurée par cette fente.

Le chemin que parcourt un objet en mouvement s'appelle : le *trajet.* La ligne droite ou courbe formée par le trajet d'un corps en mouvement s'appelle : la *trajectoire,* c'est-à-dire la ligne du trajet.

Quand vous faites rouler votre bille sur une surface unie parfaitement de niveau, comme une table, votre bille roule tout droit; sa trajectoire, ou la ligne qu'elle suit dans son trajet, est une *ligne droite.*

Quand vous lancez un objet suspendu, il décrit une ligne courbe; vous pouvez vous en convaincre en faisant une petite expérience, plus facile à observer que le trajet de votre ballon dans l'air. Attachez un objet quelconque, une pierre, une clé, n'importe quoi, à l'extrémité d'un fil, et suspendez ce fil de manière qu'il ne touche à rien. Tirez-le de droite à gauche, puis lâchez-le. Vous le verrez se balancer en décrivant une ligne ou *trajectoire* courbe que vous aurez tout le temps de vérifier. L'objet qui exécute ce mouvement de *va-et-vient,* comme le balancier d'une pendule, s'appelle : *un pendule.*

QUESTIONNAIRE.

Tout objet en mouvement est-il obligé de passer successivement par tous les points de son *trajet,* entre le point de départ et celui d'arrivée?

Le chemin d'un objet qui se meut est-il une ligne? — Donnez-en des exemples.

Comment nomme-t-on la ligne ou trajet suivi par un objet en mouvement?

La *trajectoire* d'un mouvement peut-elle être une ligne droite? — Peut-elle être une ligne courbe? — Citez des exemples de *trajectoires droites* et de *trajectoires courbes.*

LA PESANTEUR.

I. La pesanteur est une force.

Maintenant, prenez un fruit, une pierre, un objet quelconque, et serrez cet objet entre le pouce et l'index. C'est bien; le voilà tenu. A présent, écartez vos deux doigts : voilà l'objet qui tombe. Vous ne l'avez pourtant pas poussé, il est tombé de lui-même. Pourquoi donc un objet tombe-t-il? C'est qu'il est pesant. Ce qui fait qu'une chose tombe quand elle n'est pas soutenue, c'est la *pesanteur*. Vous savez cela ; réfléchissons. Une pomme mûre tombe de son arbre. *Tomber* est une manière de changer de place, c'est faire un mouvement ; mais puisqu'un objet matériel ne se meut pas de lui-même, quelle est donc la cause qui le fait tomber? C'est que la terre attire les corps vers son centre avec une force extrême, et c'est cette puissance d'attirer, ou *attraction* de la terre, qu'on nomme *la pesanteur*.

Oui mes enfants, la pesanteur est une force, une force très-grande. Oh! la pesanteur est une grande travailleuse. Elle fait beaucoup d'ouvrages, dont le résumé est de tenir fixes et solides sur la terre, et même dans le sein de la terre, tout ce qui s'y trouve, les objets, les animaux et nous-mêmes. A mesure que l'occasion se présentera de remarquer les effets de la pesanteur dans la nature, nous ne manquerons pas de vous les signaler.

QUESTIONNAIRE.

Quels sont les effets de la pesanteur?

Prouvez que la pesanteur est une *force*.

Cette *force* produit-elle de grands effets dans la nature ? — Citez-en quelques-uns.

II. Direction de la pesanteur.

Nous n'en avons pas fini avec l'objet que vous avez suspendu, et mis en mouvement comme le balancier d'une pendule. Un objet en mouvement suit donc une certaine ligne; par conséquent, un objet qui tombe suit aussi une ligne, puisque tomber c'est être en mouvement.

Eh bien! mes enfants, regardez votre objet, une balle, si vous voulez. Quand vous laissez tomber cette balle, si rien ne l'arrête, elle descend en ligne droite vers la terre. Cette ligne droite dirigée vers la terre est appelée *verticale:* C'est la même ligne que celle du fil à-plomb. Si vous en voulez la preuve, prenez encore votre balle entre vos doigts, et rapprochez-la d'une autre ligne que vous savez être verticale, par exemple l'un des montants de la porte.

Quand vous lâcherez votre balle, vous la verrez glisser le long du montant dont elle suivra la *parallèle*, c'est-à-dire la même direction.

Il en serait de même pour tout autre objet

qu'une balle, parce que *tout objet qui tombe librement*, c'est-à-dire sans que rien le gêne, *suit
toujours une ligne droite verticale.*

QUESTIONNAIRE.

Quand un objet tombe librement, quelle trajectoire
suit-il ?

Quelle est la direction de la pesanteur?

Montrez autour de vous des lignes verticales. Une trajectoire ou ligne courbe peut-elle être verticale?

III. Le plan incliné.

Mais il arrive très-souvent qu'un objet ne
tombe pas librement, et par conséquent ne peut
suivre la verticale. Par exemple, voici votre pu
pitre à écrire. La surface de ce pupitre, est une
surface plane, posée obliquement, et formant
ainsi une surface plane inclinée, ou, comme on
dit pour abréger : *un plan incliné.* Vous avez une
bille, et vous la maintenez avec vos doigts tout
au haut de votre pupitre ou *plan incliné.* Si vous
lâchez votre bille, elle va tomber. Mais pourra-
t-elle tomber suivant la verticale? Non évidemment, puisque le dessus du pupitre l'en empêche. Elle va donc être obligée de rouler le long
du plan incliné, et on ne dira plus qu'elle

tombe, on dira qu'elle descend. Descendre pour la bille, c'est bien encore tomber; mais c'est tomber suivant un plan incliné, c'est-à-dire oblique à la verticale.

C'est encore la pesanteur qui fait descendre la bille ou tout autre objet, sur un plan incliné.

Si vous posez votre bille, non plus sur le plan incliné de votre pupitre, mais sur une table parfaitement de niveau, formant un plan horizontal, la bille posée sur ce plan horizontal demeure à l'endroit où nous l'avons mise. Comme le plan qui la soutient est horizontal, cette bille ne peut descendre ni d'un côté, ni de l'autre. Si nous la poussions, elle roulerait, mais elle ne descendrait pas, puisque aucun côté du plan n'est plus bas que les autres côtés. Mais dès que nous soulevons la table d'un côté, si peu que ce soit, le plan n'est plus horizontal, et notre bille se met en mouvement en suivant la pente, c'est-à-dire en descendant plus bas qu'elle n'était d'abord.

Il en est de même, mes enfants, de tous les objets qui ne sont pas retenus, et qui peuvent glisser facilement. C'est ainsi que les voitures qui descendent des chemins en pente se mettent à rouler d'elles-mêmes, tellement fort quelquefois qu'on est obligé de les *enrayer*, c'est-à-dire de serrer les roues pour les empêcher de rouler trop vite. C'est la pesanteur qui *produit tous ces mouvements*, ou qui les accélère.

Un objet qui tombe, mais non librement, suit-il une autre direction que la verticale? — Qu'est-ce qu'un *plan incliné?* — La pesanteur est-elle la cause du mouvement d'un objet qui, n'étant ni soutenu ni poussé, descend sur un plan incliné? — La pesanteur ferait-elle mouvoir un objet posé sur un *plan horizontal?* — Pourquoi ne le ferait-elle pas mouvoir? — Donnez des exemples du mouvement produit par la pesanteur, le long d'un plan incliné.

IV. La pression.

Mettez votre main étendue sur la table, posez dessus un objet un peu lourd, un gros livre par exemple; vous n'avez pas d'effort à faire pour supporter le livre, puisque votre main est appuyée sur la table; mais vous sentez que votre main est *pressée* entre le livre qui pèse et la table qui résiste. Quand le livre est posé sur la table elle-même, il a toujours le même poids, il presse sur la table comme il pressait sur votre main, la table est pressée comme l'était votre main; elle ne le sent pas, voilà la seule différence. Si au lieu d'un livre, nous posions sur la table un gros bloc de pierre, la table trop pressée se casserait, et si votre main était sous le même bloc, elle serait écrasée.

Quand un objet est posé sur le sol ou sur un autre objet, il ne cesse pas d'être pesant, quoiqu'il ne puisse plus tomber. La pesanteur fait alors que cet objet presse plus ou moins l'endroit où il est placé, c'est-à-dire *exerce une pression* plus ou moins grande, selon qu'il est plus lourd ou plus léger.

QUESTIONNAIRE.

Un objet posé sur quelque chose *presse-t-il* cette chose qui le supporte?

Donnez la preuve qu'un objet posé sur la table presse cette table.

Quelle est la cause de cette pression?

V. La pesanteur des liquides.

Les liquides sont pesants. En soulevant un vase plein, ou en faisant couler un liquide, nous en avons la preuve. Les liquides tombent exactement comme les solides; faisons-en l'expérience.

Trempez dans l'eau une feuille de papier, retirez-la par un de ses angles, vous verrez de petites gouttes se former à l'angle inférieur, se détacher de la feuille et tomber, comme après la pluie les gouttes d'eau tombent des gouttières et des arbres.

Observez ces petites gouttes de liquide au moment où elles vont se détacher; elles ont la forme de perles, et si vous observez assez vite quand elles se détachent, vous verrez qu'en tombant elles prennent la forme de petites sphères [1]. Ces gouttes de liquide tombent *suivant la verticale*, absolument comme feraient de petites sphères solides, des grains de plomb par exemple.

Ainsi les liquides, comme les solides, suivent la ligne verticale quand ils tombent librement.

De même, si nous versons de l'eau sur un plan incliné, l'eau, n'étant plus libre de tomber verticalement puisqu'un obstacle l'en empêche, coule suivant la direction du plan. Elle glisse

1. Légèrement déformées par la résistance de l'air.

vers le bord le plus bas, et c'est encore la pesanteur qui la fait couler, car *couler*, c'est *descendre*. Si la pente du plan est très-rapide, l'eau coule très-vite; si la pente est peu inclinée, l'eau coule plus lentement, mais c'est toujours la pesanteur qui est la cause de son mouvement. Il en serait de même pour tout autre liquide.

C'est donc la pesanteur qui précipite l'eau des torrents le long de leurs pentes rapides. C'est elle aussi qui fait couler doucement l'eau des ruisseaux, dont la pente est peu sensible. Il n'est pas besoin d'ajouter que c'est encore la pesanteur qui fait couler l'eau de toutes les rivières et de tous les fleuves.

Vous voyez, chers enfants, que nous avons raison de dire que la pesanteur est une grande travailleuse !

QUESTIONNAIRE.

Prouvez que les liquides tombent comme les solides.

Quelle est la forme d'une goutte d'eau qui tombe librement? — Quelle trajectoire suit-elle? — Quelle cause fait couler le liquide le long d'un plan incliné? — Quelle est la cause qui fait couler l'eau dans le lit des ruisseaux, des rivières et des fleuves? — Le lit d'un cours d'eau est-il en pente? — Une pente est-ce un plan incliné?

VI. La pression des liquides.

Un objet solide, disions-nous, presse par son poids sur l'endroit où il est posé. Si nous posons au fond d'un verre une balle de plomb, cette balle presse sur le fond du verre. Mais si, au lieu d'un objet solide, nous versons dans le verre un liquide, ce liquide, qui est pesant aussi, doit aussi exercer une *pression* sur le fond du verre.

Sans doute. Pour vous en assurer, mettez au fond d'un verre une petite plume d'oiseau, soyeuse, élastique, relevée en courbe. Puis versez de l'eau par-dessus : voilà la petite plume aplatie, écrasée, et collée au fond du verre par la pression de l'eau.

Si le fond du verre n'était pas assez résistant pour soutenir le poids du liquide, il se briserait, et le liquide se répandrait au dehors. Si nous faisions un trou au fond du verre, l'eau s'écoulerait par ce trou, ce qui prouve encore que l'eau, par sa pesanteur, presse le fond du vase; le fond résiste et soutient le poids de l'eau, mais à l'endroit où est le trou il n'y a plus rien pour soutenir la pression, et le liquide s'écoule.

Le solide, la balle de plomb que nous mettons au fond du verre, presse sur le fond ; mais elle ne presse pas les contours intérieurs appelés : parois. Le liquide, lui, presse non-seulement le fond, mais aussi les parois de tous côtés ; de sorte que si les parois étaient trop faibles elles éclateraient, et le liquide se répandrait.

La preuve que les liquides pressent contre les parois des vases, c'est que si on perçait un tonneau plein, le vin jaillirait par l'ouverture, que cette ouverture fût faite sur le côté ou sur le fond.

Enfin, quand le robinet d'une fontaine est ouvert, si vous essayez de boucher l'ouverture avec la main, vous sentez très-bien l'eau qui presse et repousse votre main.

Tout ceci, mes enfants, prouve que les liquides *pressent dans tous les sens* contre la surface intérieure des vases qui les contiennent, et font sans cesse effort pour s'échapper. Cette pression est encore un effet de la pesanteur.

QUESTIONNAIRE.

Un liquide presse-t-il, par sa pesanteur, le fond du vase qui le contient ? — Citez-en une preuve. — Pourquoi le liquide s'écoule-t-il par un trou percé au fond d'un vase ? — Le liquide contenu dans un vase presse-t-il seulement le fond du vase? — Donnez la preuve qu'il presse de toute part et dans tous les sens contre les *parois*. — Citez une autre preuve de la pression des liquides.

VII. Pesanteur des gaz.

Nous avons dit : « *Toute matière est pesante.* » Mais puisque l'air, les gaz, sont aussi de la matière, ils sont donc pesants aussi? Comment! l'air qui est si léger, si insaisissable, serait pesant?

Oui, chers enfants ; seulement l'air et les autres gaz ne pèsent pas autant que les solides et les liquides.

L'air est répandu partout autour de nous. Il remplit tout l'espace qui n'est pas occupé par d'autres matières solides ou liquides. Alors, quand nous disons qu'un vase dans lequel il n'y a pas de liquide est *vide*, qu'il n'y a *rien dedans*, notre expression n'est pas exacte. En effet, quand il n'y a pas de liquide dans un vase, il y a de l'air. Ce vase n'est donc pas *vide*, il est vide de liquide, mais il est *plein d'air*.

Pour en avoir la preuve , remplissez d'eau une bouteille à l'aide d'un entonnoir, vous entendrez l'air s'échapper par le goulot en faisant un petit glou glou, d'abord grave, puis plus aigu à mesure que la quantité d'air diminue dans la bouteille. Si l'air s'en va, il y était donc? Eh! sans doute! Il y avait de l'air dans cette bouteille, parce que là où il n'y a ni liquide ni solide, il y a de l'air.

On a inventé cependant un moyen pour retirer l'air d'une bouteille sans être obligé de l'en faire sortir en y mettant autre chose; cela s'appelle *faire le vide*. Nous vous ferons connaître ce moyen un peu plus tard. On l'emploie pour connaître le poids de l'air, et on s'y prend exactement comme pour peser toute autre matière dans un vase. On met dans une balance une bouteille dans laquelle on a fait bien réellement le vide, on met des poids dans l'autre plateau, et on a le poids de la bouteille *vide*. Ensuite on débouche cette bouteille pour que l'air y pénètre et la remplisse. On pèse de nouveau, et l'on trouve que la bouteille pleine d'air pèse plus que lorsqu'on y avait fait le *vide*. La différence de poids en plus est donc juste le poids de la quantité d'air contenue dans la bouteille. Ce poids, mes enfants, est bien peu de chose, car l'air est un gaz très-léger. Ainsi, un litre d'eau pèse un kilogramme; et un litre d'air[1] pèse seulement un peu plus d'un gramme. L'air pèse donc environ 800 fois moins que l'eau.

Tous les autres gaz sont pesants aussi bien que l'air : les uns pèsent plus, les autres moins; mais tous ont un poids, puisque *toute matière est pesante*.

QUESTIONNAIRE.

L'air est-il *pesant?* Que doit donc signifier ce mot que nous entendons répéter : *l'air est léger?* — L'air remplit-il tout l'espace autour de nous? — Y a-t-il de l'air dans les vases que nous disons être *vides?* — Comment peut-on en donner la preuve? — Est-il possible d'ôter l'air d'un vase, d'une bouteille, par exemple? — Qu'arriverait-il si on débouchait une bouteille dont l'air aurait d'abord été enlevé? — Comment peut-on prouver que l'air est pesant? — Comment pèse-t-on la quantité de liquide qui remplit un vase? — Combien pèse un litre d'air? — Comment a-t-on pu le peser? — Tous les gaz sont-ils pesants ?

LE SON.

I. Les sons et la musique.

Vous avez entendu chanter, ou faire de la mu-

---

1. Dans les conditions habituelles de pesanteur atmosphérique.

sique, n'est-ce pas, chers enfants, et vous avez pris plaisir à entendre la musique et à chanter vous-mêmes. C'est si beau, la musique, que l'homme l'a inventée dès les premiers jours du monde, et qu'il l'associe à ses travaux, à ses fêtes, à ses chagrins même. Dans les champs, les petits oiseaux gazouillent, et les bergers se font des flûtes de roseaux; dans les forêts, les chasseurs sonnent du cor; au village, on danse au son du violon et de la musette; à la ville, des musiciens jouent de divers instruments. Chanter, c'est faire de la musique avec la voix, car les organes qui produisent la voix humaine sont disposés comme un admirable instrument musical.

Grâce au sens de l'ouïe que nous possédons, nous pouvons entendre le son des instruments, celui de notre voix, et beaucoup d'autres encore. Nous entendons presque sans cesse des bruits de toute nature : le vent siffle, l'eau coule en murmurant, le tonnerre gronde. Les animaux aboient, miaulent, hennissent. Chacun s'exprime suivant son espèce. Les ouvriers travaillent, et font entendre les bruits de leur métier. Enfin, tout objet qui frappe un autre objet produit un bruit; c'est à peine si

nous pouvons faire un mouvement sans faire
du bruit. Le bruit est encore une sorte de son.

Le bruit, le son, qu'est-ce donc, mes enfants?
Le son est-il une matière? Non, car le son n'occupe pas d'espace; le son n'est pas pesant : le
son n'est donc pas une matière.

Alors qu'est-ce que le son? — Nous allons
vous le dire.

QUESTIONNAIRE.

Le son est-il une matière? — Le son est-il pesant? —
Occupe-t-il un espace?

II. La vibration,

Prenez une petite lame de bois mince et
flexible; fixez-la par une de ses extrémités dans
une presse ou dans un étau, ou dans l'ouverture d'une porte que vous pousserez assez fort
pour que la petite lame de bois soit fortement
serrée. Cela fait, attirez à vous l'extrémité libre
du petit morceau de bois en le faisant plier,
puis lâchez-le tout à coup, et observez ce qui
se passe. La petite lame flexible se redresse,
plie en sens contraire, se redresse encore, plie
encore du premier côté, puis encore du second,

et exécute ce va et vient pendant quelques instants.

Ce mouvement de va et vient se nomme :

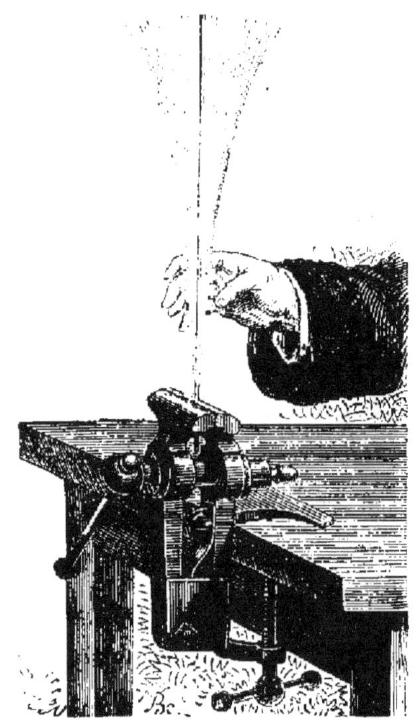

Lame d'acier en vibration.

vibration, et nous disons que notre lame de bois mise ainsi en mouvement, *vibre*.

Mais si au lieu d'une lame de bois vous prenez une lame d'acier un peu raide, et que vous la fixiez par une de ses extrémités comme vous venez de fixer la petite lame de bois ; quand vous faites vibrer cette lame d'acier, son mouvement de va et vient est si rapide que vous ne pouvez le distinguer. Vous voyez seulement comme un panache, et si vous touchez ce panache du doigt, vous sentez un frémissement qui vous prouve que la lame est en mouvement. Si ce mouvement est assez rapide, vous entendez en même temps un son que votre lame produit en vibrant ; ce son se prolonge tant que la lame vibre, et cesse quand elle s'arrête.

C'est donc en vibrant que cette lame d'acier produit un son.

Faisons une autre expérience :

Plantons deux pointes sur une planche, à six ou sept décimètres l'une de l'autre. Attachons à ces deux pointes une corde à *boyau* (c'est-à-dire formée de boyaux de mouton desséchés et tordus), et tendons cette corde de manière qu'elle soit très-raide. Enfin, comme il faut que cette corde ne touche à rien dans sa longueur pour que notre expérience réussisse, soulevons-la par deux règles passées en dessous à ses extrémités. Tout est préparé.

Donnez une pichenette au milieu de la corde ; voilà la corde mise en mouvement, et qui vibre comme notre lame flexible de bois ou d'acier.

Ses deux extrémités étant fixées, c'est dans sa longueur seulement que la corde vibre. Ses vibrations sont si rapides qu'on ne peut les distinguer; mais si vous posez le doigt sur la corde vous ressentez comme un frémissement. Et si vous posez délicatement sur la corde en vibration, un très-petit papier plié en deux, vous verrez ce petit papier secoué et agité par les vibrations de la corde.

Toute chose qui vibre rapidement produit un son; et réciproquement, lorsqu'une chose produit un son, c'est qu'elle *vibre*.

Ainsi, lorsqu'on pose la main sur une cloche qui résonne, on sent parfaitement le frémissement de ses vibrations.

Posez une petite lame de verre sur deux bouchons de liége couchés parallèlement; et frappez légèrement sur cette lame de verre avec un autre bouchon de liége, emmanché comme un marteau dans une baleine flexible. La lame de verre *vibrera;* et en même temps vous entendrez un son. Vous ne verrez peut-être pas la vibration, mais si vous semez quelques grains de sable à la surface du morceau de verre, vous verrez ces grains sautiller, ce qui vous prouvera que la lame vibre.

Ces petites expériences, chers enfants, vous apprendront que le son est *toujours* produit par quelque chose qui *vibre;* en d'autres termes, que *le son est une vibration.*

Voyons maintenant de quelle manière le frémissement rapide appelé vibration, peut se transmettre et parvenir à nos oreilles.

QUESTIONNAIRE.

Qu'est-ce qu'une *vibration?* — Une vibration lente peut-elle être aperçue nettement? — Citez-en un exemple. Quand les vibrations sont très-rapides et que l'œil ne les distingue plus, comment peut-on avoir une preuve de leur existence? — Comment doit-on disposer une corde pour la faire vibrer? — Comment sentirez-vous les vibrations de cette corde, lorsqu'elles seront très-rapides? — Cette corde en vibration rapide produira-t-elle un son? — Prouvez par des exemples, que toute chose produisant un son est en vibration.

III. Transmission du son.

Vous avez la main posée sur l'extrémité d'une longue table. A l'autre extrémité de cette table quelqu'un frappe un grand coup dont le choc subit ébranle non-seulement l'endroit frappé, mais la table tout entière, si bien que vous qui êtes à l'autre extrémité, vous sentez la secousse sous votre main. Cela vous prouve qu'un ébranlement peut se communiquer dans toute la longueur d'un objet solide. On dit alors que la matière de cet objet *transmet* l'ébranlement causé par le choc.

Au lieu de frapper un coup sur la table même, supposons qu'on ait fixé à l'un des bouts de cette table une lame d'acier comme celle dont nous avons déjà parlé. Si on fait vibrer cette lame, le petit frémissement qui vous paraît si peu de chose se communiquera à la table, et en y posant la main à n'importe quel endroit, vous sentirez une vibration plus ou moins forte. Si au lieu de poser votre doigt sur la table, vous y collez votre oreille, bien plus sensible que la main aux sons puisqu'elle est disposée exprès pour les entendre, vous distinguerez un frémissement très-fort, accompagné d'un bruit sourd. Cela prouve encore que le frémissement de la vibration ébranle la table, et la fait vibrer d'un bout à l'autre. On dit alors que la vibration se communique d'un point à un autre par la table; ou encore, que la table transmet la vibration. Il en est de même de tout objet solide.

Maintenant, supposez qu'on tire un pétard

au milieu de la chambre. A l'endroit où le coup part, l'air est violemment ébranlé, comme l'était la table sur laquelle on frappait un coup. Mais la secousse ne se borne pas à l'endroit où le pétard a été tiré; elle se communique à toute la masse d'air qui est dans la chambre; et toute cette masse d'air vibre de l'ébranlement qui lui est transmis. Si au lieu d'une secousse violente, nous produisons une petite vibration, comme celle d'une corde à boyau, est-ce que la petite vibration qui produit le son se communiquera également à l'air contenu dans toute la chambre? — Oui certainement; et la preuve, c'est que vous l'entendez. Les vibrations s'étendent aussi loin que le son est entendu.

Comprenez donc bien ceci, chers enfants : le son est produit par un objet en vibration. L'air qui entoure cet objet est ébranlé par sa vibration, et la transmet de proche en proche à toute la masse d'air environnante. Notre oreille, disposée comme un toucher extraordinairement sensible aux vibrations, sent le frémissement de l'air; et ce frémissement, ou cette vibration sentie par notre oreille, est *le son que nous entendons.*

Ainsi par exemple, lorsque vous entendez le

son d'une cloche au loin dans la campagne, c'est que l'air ébranlé par cette cloche vibre jusqu'à vous, et que ses vibrations sont senties par votre oreille.

La matière solide ou liquide peut-elle transmettre l'ébranlement du choc? — celui d'une vibration même très-rapide? — Peut-elle transmettre à notre oreille les vibrations qui forment le son? — Les matières gazeuzes telles que l'air peuvent-elles aussi transmettre l'ébranlement du choc? — la vibration du son? — Comment se transmettent d'ordinaire les sons que nous entendons?

IV. Le son et le bruit.

Vous savez fort bien que tous les sons ne se ressemblent pas, et vous ne confondrez jamais le son d'un sifflet avec celui d'une cloche, le son d'une flûte avec celui d'un cor. Ces sons, malgré la différence qui existe entre eux, sont toujours des sons, et non pas de simples bruits.

Le bruit est un ébranlement confus, produit par le choc de deux objets quelconques, et qui n'a rien d'agréable pour l'oreille. Tandis que les sons clairs et purs des instruments de musique, ou de la voix humaine, nous causent parfois un plaisir extrême. Une pierre qui tombe, un coup frappé sur une planche, produisent du bruit; un coup frappé sur un timbre ou sur un verre de cristal produit un son. Vous comprendrez maintenant la différence de signification de ces deux mots : le *son* et le *bruit*.

QUESTIONNAIRE.

Les sons diffèrent-ils entre eux? — Quelle différence y a-t-il entre un bruit et un son ? — Citez des objets qui produisent des *sons*, d'autres qui produisent des *bruits*.

LA CHALEUR.

I. La fusion.

Vous n'avez pas oublié, chers enfants, ce que nous avons dit l'année dernière de la chaleur : c'est elle qui peut, selon le degré où on la pousse, transformer les solides en liquides et les liquides en vapeurs. Et c'est la diminution de la chaleur qui rétablit ces matières dans leur premier état. Cette diminution de chaleur s'appelle : le *refroidissement*.

Une même matière peut donc devenir successivement solide, liquide et gazeuse, et nous en avons pour exemple l'eau qui, habituellement liquide, devient vapeur quand elle s'échauffe; et devient solide sous forme de glace, quand la chaleur a diminué jusqu'au point où il gèle.

Presque toutes les matières[1] peuvent ainsi passer de l'état solide à l'état liquide, et de l'état liquide à l'état gazeux. Il ne faut pour opérer ces changements d'état qu'une chaleur suffisante ou un refroidissement assez fort. Ainsi nous avons vu les métaux eux-mêmes fondre et devenir liquides. Certaines matières fondent avec peu de chaleur : la glace par exemple; tandis que pour en fondre d'autres il faut une chaleur considérable. De ce nombre sont le fer, l'or, l'argent. C'est ce qu'on appelle la *fusion* des métaux.

Dans l'industrie on utilise beaucoup ces changements d'état de la matière. Ainsi on profite de la *fusion* pour donner aux métaux la forme d'objets correspondants à l'usage auquel on les destine. On commence par faire en bois ou en argile un *modèle* de l'objet que l'on veut fabriquer. Puis, on tasse autour de ce modèle

1. On n'en excepte que celles qui se décomposent sous l'action de la chaleur.

une poussière très-fine préparée pour cet usage. Ensuite on retire le modèle avec précaution, et il n'en reste plus que la forme dans la poussière. Cette forme est naturellement en creux : c'est ce qu'on appelle un moule. Dans ce moule, on coule le métal en fusion. Quand le métal est redevenu solide par le refroidissement, on brise le moule, et on a un objet en métal semblable au modèle.

Ce procédé s'appelle le *moulage*, parce qu'on coule la matière fondue dans le moule.

C'est ainsi qu'on fabrique des statues de métal, des vases de métal, des grilles, des balcons, des poêles, et une foule d'objets de plomb, d'étain, de cuivre ou de laiton, et de fonte de fer.

QUESTIONNAIRE.

Une même matière peut-elle être successivement solide, liquide et gazeuse? — Citez des exemples nombreux. — Un même degré de chaleur fait-il fondre toutes les matières? — Tire-t-on un grand parti de la fusion dans l'industrie? — Citez-en des exemples. — Décrivez sommairement l'opération du *moulage*? — Quelle forme aura la matière coulée, après le refroidissement?

II. L'ébullition.

L'eau qui bout se transforme en vapeur; mais l'eau se vaporise également sans bouillir, et peu à peu la vapeur qu'elle forme se dissipe dans l'air. Il y a donc pour les liquides deux manières de se transformer en vapeur : en bouillant et sans bouillir.

Qu'est-ce que bouillir?

Un vase plein d'eau est posé sur un grand feu : cette eau s'échauffe graduellement, puis elle se met à bouillonner vers les bords du vase. Elle est agitée, elle fait entendre un petit murmure facile à reconnaître. En même temps la vapeur s'élève à la surface.

Que se passe-t-il au fond du vase?

Vous ne pouvez le voir; l'eau est trop agitée; il y a cependant un moyen, c'est de faire bouillir l'eau dans un vase de verre. Par exemple il y a beaucoup à craindre que le verre éclate au feu; pourtant, avec certaines précautions, vous pourrez éviter cet accident. Il y a bien des globes de verre dans lesquels on fait du café!...

Enfin si d'une manière ou d'une autre vous réussissez à faire bouillir de l'eau dans un vase transparent, vous verrez parfaitement des bulles se former au fond du vase, puis monter et venir éclater à la surface. Ces bulles ressemblent à celles que vous avez produites en soufflant au fond d'un verre d'eau avec une paille. Seule-

Eau bouillante se changeant en vapeur.

ment les premières étaient des bulles d'air, et celles qui se forment au fond du vase plein d'eau placé sur le feu sont des bulles de vapeur.

Ainsi, quand l'eau est bouillante, la vapeur se produit dans la partie inférieure du liquide, et s'élève sous forme de bulles, pour venir à la surface se répandre dans l'air. Et c'est le passage précipité de toutes ces bulles à travers l'eau, qui l'agite et la fait bouillir.

L'état du liquide qui bout s'appelle l'*ébullition*, mot qui veut dire : production de vapeur sous forme de *bulles*.

QUESTIONNAIRE.

Qu'est-ce que l'*ébullition?* — Que se passe-t-il dans un liquide en ébullition? — Où se forme la vapeur ? — La vapeur se produit-elle également sans ébullition? — Qu'est-ce qui produit le bruit de l'eau qui bout? — Pourquoi la vapeur se forme-t-elle au fond d'un vase placé sur le feu?

III. L'évaporation.

Quand l'eau n'est pas assez chaude pour bouillir, la vapeur ne se forme pas au fond du vase, et il n'y a pas de bulles. La vapeur se forme alors à la surface du liquide, peu à peu, tranquillement. Ce mode de formation de la vapeur s'appelle l'*évaporation*.

En tous temps il se forme de la vapeur à la surface des eaux, même de l'eau froide. Ainsi les eaux de la mer, des fleuves, des rivières, des étangs; celle dont la terre est arrosée, s'é-vaporent sans cesse. La température plus chaude de l'air en est la cause. Aussi l'évaporation est plus forte quand l'air est chaud et sec; moins forte quand l'air est froid et humide. C'est par l'évaporation de l'eau qu'il contient que le linge mouillé sèche; que l'humidité du sol se dissipe; et que la terre se raffermit après la pluie.

La vapeur qui s'élève des eaux est ordinairement invisible, comme l'air auquel elle se mêle, et dans lequel on dit qu'elle se *dissout*.

Quand il y a beaucoup de vapeur d'eau dissoute dans l'air, on dit que l'air est humide; et quand il y en a peu, on dit que l'air est sec.

QUESTIONNAIRE.

Qu'est-ce que l'*évaporation?* — Quelle chaleur produit l'évaporation des liquides? — L'eau froide elle-même s'é-vapore-t-elle sans cesse? — L'été rend-il cette évapora-tion plus active? — L'eau des fleuves, des rivières, des étangs et des mers s'évapore-t-elle sans cesse? — Que devient cette vapeur? — La vapeur d'eau mêlée à l'air est-elle toujours visible? — Quand dit-on que l'air est hu-mide? — quand dit-on que l'air est sec? — Pourquoi l'é-vaporation a-t-elle lieu à la surface? — Pourquoi le linge mouillé sèche-t-il à l'air?

IV. Propagation de la chaleur.

Rappelons maintenant, chers enfants, une expérience que vous avez faite plus d'une fois sans le vouloir, et à vos dépens. Vous souvenez-vous de ce jour où votre cuiller était plongée dans un bol de lait bouillant? où vous avez voulu prendre cette cuiller par le manche qui était en dehors du bol; et où vous vous êtes si bien brûlé les doigts?... Cela doit vous être arrivé.

Faisons une autre expérience : mais cette fois vous êtes avertis. Si vous mettez au feu le bout d'une barre de fer que vous tenez par l'autre extrémité, la partie qui est dans le feu s'échauffe bientôt, et en quelques instants la partie que vous tenez dans votre main, et qui n'est pourtant pas dans le feu, commence à s'échauffer aussi. Elle devient de plus en plus chaude, et il arrive un moment où vous êtes obligés de la lâcher.

Ceci vous prouve que si on chauffe certains objets en un seul point, la chaleur se répand, et l'objet s'échauffe d'un bout à l'autre. La chaleur voyage pour ainsi dire dans la substance des objets; elle s'étend de proche en proche, se trans-

met d'un point à un autre dans l'objet tout
entier. On dit alors que la chaleur se *propage*,
qu'elle est *conduite* à travers la matière dont
l'objet est formé; cette matière *laisse passer,
transmet, conduit* la chaleur.

Si vous présentez au feu un bout de fil de
fer ou une aiguille à tricoter, vos doigts senti-
ront la chaleur très-vite, et vous serez obligés
de lâcher, sans quoi vous vous brûleriez. Mais
si c'est une allumette de bois, de cire ou de papier, et que vous la teniez horizontalement, l'allumette pourra brûler jusque tout près de vos
doigts, sans que vous en sentiez presque la chaleur. D'où vient cette différence?

C'est qu'il y a des substances qui *transmettent, conduisent* la chaleur mieux que d'autres.
Le fer transmet la chaleur mieux que le bois.
Il est même des matières à travers lesquelles la
chaleur a tant de peine à passer qu'elle est presque complétement arrêtée.

Rappelez-vous ce qu'on vous a dit à propos
de la lumière : Il y a des matières qui laissent
très-bien passer la lumière, ce sont les matières
transparentes; d'autres qui ne la laissent passer qu'un peu, ce sont les matières translucides;
d'autres qui l'arrêtent complétement, ce sont les

matières opaques. Il en est de même pour la chaleur; il y a du moins une certaine analogie[1]. Les matières qui conduisent bien la chaleur sont dites *bonnes conductrices*; celles qui la conduisent moins, ou même presque pas, sont appelées : *mauvaises conductrices*.

Les métaux sont très-bons conducteurs de la chaleur.

Le bois, la porcelaine, sont peu conducteurs.

Le verre, la laine, les fourrures, sont très-mauvais conducteurs de la chaleur. Si on met des vitres aux fenêtres, et si on s'habille l'hiver avec de la laine et des fourrures, c'est que ces matières ne laissent point passer au dehors la chaleur de notre corps ou de notre chambre.

Vous allez voir, chers enfants, combien il est utile de connaître toutes ces choses. Supposons que vous ayez une bouteille remplie d'eau chaude, comme celles qu'on met aux pieds des malades. Vous voulez conserver à l'eau sa chaleur le plus longtemps possible, que faut-il faire? Empêcher cette chaleur de passer et de se répandre au dehors. Pour cela, il faut envelop-

---

1. L'analogie est plus rigoureuse dans le *rayonnement*, autre mode de propagation de la chaleur.

per la bouteille de quelque tissu qui soit mauvais conducteur. Enfermez-la donc dans un tissu de laine ou un morceau de fourrure; ou bien placez-la entre deux oreillers de plumes. Par ce moyen, la chaleur de l'eau sera emprisonnée, et restera longtemps dans la bouteille.

Autre chose encore. Vous avez un morceau de glace que la chaleur fait fondre, et vous voulez empêcher votre glace de fondre. Comment faire? Empêcher la chaleur du dehors de venir toucher la glace. Est-ce difficile? Non. Enfermez votre glace dans quelque chose qui soit mauvais conducteur, un tissu de laine ou un morceau de fourrure, etc.

Eh quoi! pour empêcher la glace de fondre il faut prendre le même moyen que pour empêcher l'eau chaude de se refroidir? Oui, chers enfants, et la raison en est facile à comprendre. Le tissu mauvais conducteur qui empêche la chaleur de passer, arrête aussi bien celle du dehors que celle du dedans. La laine, la fourrure empêchent également la chaleur de l'eau de sortir, et la chaleur de l'air d'entrer. Vous voyez donc que rien n'est plus simple. C'est encore pour cela que, lorsqu'une repasseuse veut saisir son fer sans se brûler la main, elle le prend avec une poignée en laine ou en cuir, mauvais conducteur de la chaleur, qui l'empêche d'arriver trop forte à la main de l'ouvrière.

Quand au contraire on veut faire chauffer de l'eau très-vite, on la met sur le feu dans un vase de métal, puisque les métaux sont bons conducteurs. Dans un vase d'argile l'eau chaufferait plus lentement, parce que l'argile transmet la chaleur beaucoup moins vite que le métal.

QUESTIONNAIRE.

La chaleur se transmet-elle à travers la matière même des objets? — Citez-en des preuves.—Toutes les matières transmettent-elles également bien la chaleur? — Y a-t-il des matières qui arrêtent presque complétement la chaleur? — Comment nomme-t-on les matières qui transmettent facilement la chaleur? — et celles qui la transmettent mal? — Citez des matières bonnes conductrices de la chaleur. — Des matières mauvaises conductrices. — Comment peut-on conserver le plus longtemps possible la chaleur d'un objet? — Comment peut-on conserver le plus longtemps possible un morceau de glace pendant l'été? — Comment se fait-il que le même procédé convienne dans ces deux cas? — Expliquez ce que nous devons faire pour nous préserver de la brûlure, quand nous saisissons un objet très-chaud. — Pourquoi l'eau chauffe-t-elle plus vite dans un vase de métal que dans un vase d'argile? — Quels sont les vêtements qui nous préservent le mieux du froid? — Un vêtement donne-t-il de la chaleur par lui-même?

LA LUMIÈRE.

I. Propagation de la lumière.

C'est le soir. La bougie est allumée, et vous regardez sa jolie petite flamme. Cette flamme *produit* de la lumière; elle est, comme vous l'avez appris l'année dernière, une *source* de lumière. Et, comme vous le savez encore, si vous *voyez* cette flamme c'est que la lumière qu'elle produit *entre dans votre œil*. La lumière part de la flamme, et elle traverse l'air, c'est-à-dire un certain chemin à travers l'air, pour arriver jusqu'à votre œil.

En ce moment il fait nuit : vous voyez de votre chambre les étoiles qui scintillent au ciel. Regardez l'une d'entre elles, n'importe laquelle; cette étoile est aussi une source de lumière; la lumière qu'elle envoie arrive jusque dans votre œil, sans cela vous ne verriez pas l'étoile. Pour venir de l'étoile à votre œil, la lumière a nécessairement suivi un certain trajet dans l'espace. Il en est de même de la lumière du soleil et de toutes les lumières possibles.

Pour aller d'un point à un autre, la lumière suit toujours un certain chemin. Si rien ne la dérange de sa voie, le chemin qu'elle suit est *une ligne droite.*

Pour en avoir la preuve, faisons une petite expérience.

Par un beau jour de soleil, tandis que la lumière de cet astre nous arrive par la fenêtre, nous fermons le volet. Aussitôt la lumière est arrêtée et n'entre plus dans la chambre. Mais peut-être y a-t-il au volet une petite fente, un petit trou. La lumière du soleil que rien n'arrête à cet endroit, glisse par l'ouverture, pénètre dans la chambre en formant un trait brillant qui traverse l'air, jusqu'à ce qu'elle rencontre un obstacle, un meuble ou le plancher par exemple, et là où elle est arrêtée, elle forme un petit rond éblouissant. Un trait de lumière qui traverse ainsi l'espace s'appelle : un *rayon lumineux*[1].

La lumière qui entre par le trou du volet, éclaire sur son chemin les petits grains de poussière qui flottent dans l'air, et les rend visibles sur le fond noir de la chambre. Le tra

---

1. Ou plus exactement *un faisceau de rayons lumineux.*

jet que suit le rayon lumineux se trouve donc
marqué dans l'espace par la ligne lumineuse
qu'il forme. Vous voyez que cette ligne est
parfaitement droite. S'il y avait un peu de fumée répandue dans la chambre, les parcelles
imperceptibles de matière dont se compose la
fumée seraient éclairées aussi sur le trajet de
la lumière, et rendraient la ligne tracée par le
rayon lumineux encore plus visible.

QUESTIONNAIRE.

La lumière partie d'une *source de lumière* doit-elle suivre
un certain trajet pour arriver à notre œil? — Quelle ligne
suit-elle, si rien ne la dérange dans sa route? — Citez une
expérience qui en donne la preuve? — Qu'appelle-t-on un
rayon de lumière?

II. La réflexion.

La lumière suit donc toujours son chemin en
ligne droite.

Mais lorsqu'elle rencontre un obstacle, qu'arrive-t-il? La lumière ne peut plus suivre sa
route puisqu'elle ne peut traverser une matière

opaque. La lumière s'arrête donc à la surface de cet objet, et du côte opposé il y a de l'ombre. Mais est-ce que la lumière s'arrête réellement lorsqu'un obstacle lui barre le passage? Non, mes enfants; elle prend tout simplement un autre chemin. Elle change de direction; elle s'éparpille parfois, mais elle ne s'arrête pas.

Rappelez-vous ce qui arrive quand vous lancez contre le sol votre balle élastique. Cette balle est arrêtée par le sol, et ne pouvant aller plus loin dans la direction où vous l'avez lancée, elle rebondit, c'est-à-dire elle change de direction. La lumière ne rebondit pas tout à fait de la même manière, parce que la lumière n'est pas un solide, comme une balle; nous faisons seulement une comparaison pour vous aider à comprendre ce que nous allons encore vous expliquer.

Quand la lumière est arrêtée par un objet opaque dont la surface n'est pas *polie*, elle s'éparpille et rejaillit dans toutes les directions, comme un verre d'eau lancé de loin contre un mur (ceci est encore une comparaison). Ainsi l'objet qui reçoit cette lumière la renvoie, et la répand autour de lui comme s'il était lui-même

une source de lumière. Pour nous en convaincre,
faisons une petite expérience.

Tandis que notre fenêtre est close, et qu'un
rayon de lumière venant du soleil passe par le
trou du volet, mettons sur le trajet du rayon
une feuille de papier blanc. La feuille de papier
est vivement éclairée à l'endroit où le soleil la
frappe; de toutes les parties de la chambre on
la voit briller, ce qui prouve qu'elle envoie de
la lumière dans toutes les directions. Et d'ail-
leurs la clarté qu'elle répand autour d'elle sur
tous les objets est bien visible.

Ce rayon de lumière qui, après avoir été ar-
rêté par un objet, change de direction, rejaillit,
se dissémine, s'éparpille, est appelé : lumière
reflétée ou *réfléchie*. Vous comprendrez facilement cette dernière expression, car vous avez
souvent entendu employer le mot *reflet* pour dé-
signer la lumière renvoyée par un objet éclairé
sur les autres objets. Quand la lumière est reflétée ou réfléchie, comme dans la petite expérience que nous venons de faire, on dit qu'elle
est réfléchie dans toutes les directions.

Vous pouvez maintenant vous expliquer comment nous voyons les objets qui ne sont pas des
sources de lumière. Ces objets non lumineux,

par conséquent non visibles par eux-mêmes, arrêtent les rayons lumineux partis des sources de lumière, et les renvoient autour d'eux. Une partie de la lumière qu'ils renvoient entre dans notre œil, et nous voyons alors les objets comme s'ils la produisaient eux-mêmes.

Quand la lumière d'une source lumineuse ne leur arrive plus, ils n'en ont plus à nous renvoyer, et nous ne pouvons plus les apercevoir. Il fait alors ce qu'on appelle : *nuit* ou *ténèbres.*

QUESTIONNAIRE.

Qu'arrive-t-il si le rayon de lumière rencontre un objet opaque?— Comment la lumière rejaillit-elle quand la surface sur laquelle elle tombe n'est pas polie? — Décrivez des expériences qui prouvent qu'elle rejaillit en se disséminant de toutes parts. — Quel nom donne-t-on à la lumière qui rejaillit à la surface d'un objet?— Comment pouvons-nous voir les objets qui ne sont pas des sources de lumière?

III. Réflexion sur les surfaces polies.

Revenons à notre expérience, mes chers enfants.

Sur le chemin du rayon de lumière qui pénètre par le trou du volet, nous mettons, non plus une feuille de papier, mais un miroir.

La lumière, en arrivant sur le miroir, est encore réfléchie puisque le miroir est opaque; mais au lieu d'être éparpillée, disséminée, renvoyée dans toutes les directions, elle reste en un seul rayon, et ce rayon est renvoyé dans une direction unique. Le petit rond lumineux que le rayon de soleil formait sur le plancher lors-

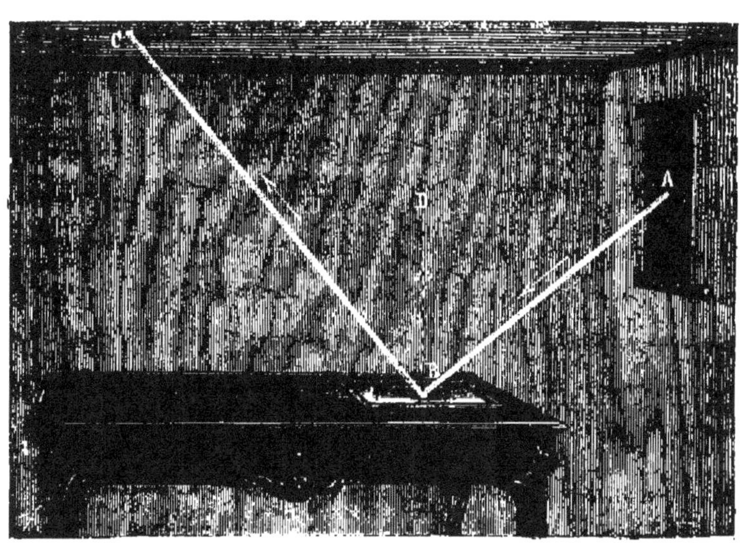

Surface polie renvoyant un rayon de lumière.

qu'il arrivait jusque-là, est maintenant au plafond, et c'est le miroir qui l'y renvoie. La preuve, c'est que si vous changez la position du miroir, le petit rond change de place; et si vous retirez le miroir, le rayon lumineux n'est plus renvoyé au plafond ; il revient sur le plancher comme auparavant.

Non-seulement le changement de place du petit rond vous indique la place où tombe le rayon lumineux, mais la poussière ou la fumée qui se trouvent dans la chambre vous permettent de distinguer le trajet de ce rayon de lumière. Vous pouvez alors constater que le rayon entré par le trou du volet, et renvoyé au plafond par le miroir, forme deux lignes droites, réunies en un angle dont le sommet est à la surface du miroir. Cet angle peut être droit, aigu ou obtus, selon la position du miroir.

Si, au lieu d'un miroir de verre, vous mettez devant le rayon de lumière toute autre surface polie et brillante, le même effet aura lieu.

Enfin, si vous mettez devant ce rayon un vase rempli d'eau ou de tout autre liquide, la surface de ce liquide étant unie la lumière s'y réfléchira. Et si vous agitez un peu la surface de l'eau, vous verrez le petit rond formé par la lumière, réfléchir sur le mur où il est renvoyé, toutes les agitations de l'eau. Voici donc, chers enfants, deux choses à retenir :

1° Lorsque la lumière rencontre la surface d'un objet opaque non poli, elle est réfléchie et dispersée dans toutes les directions; c'est le cas le plus général.

2° Lorsque la lumière rencontre la surface d'un objet opaque poli, tel qu'un miroir, ou une lame de métal, ou un seau d'eau, elle est encore réfléchie, mais dans une direction unique.

QUESTIONNAIRE.

Qu'arrive-t-il si la lumière tombe sur une surface polie? — Citez une expérience qui nous montre qu'elle se réfléchit alors dans une seule direction? — La surface de l'eau tranquille réfléchit-elle la lumière à la façon des miroirs? — En est-il de même pour tout autre liquide?

IV. Lumière directe et lumière diffuse.

Le rayon lumineux que l'on fait entrer par le trou du volet nous vient *directement* du soleil. C'est pourquoi on l'appelle la *lumière directe*. Mais quand ce rayon a rencontré la surface d'un objet non poli, et qu'il s'est réfléchi en se disséminant dans toutes les directions, on dit que c'est de la lumière *diffuse*, c'est-à-dire *répandue* autour de nous. La lumière diffuse vient du soleil comme la lumière directe; seulement elle a été réfléchie par les objets, et c'est par l'effet de cette réflexion qu'elle arrive dans notre œil.

Quand le soleil brille sans nuages, la lumière si vive qu'il envoie sur les objets est de la *lumière directe*. Mais cette lumière directe, réfléchie par les objets qu'elle rencontre, se répand partout, et forme alors cette *lumière diffuse* que nous appelons le jour. La lumière diffuse éclaire tous les objets sur lesquels les rayons du soleil n'arrivent pas directement. Quand les nuages voilent le soleil, la lumière *directe* est arrêtée par les nuages; alors les objets ne sont éclairés que par la lumière *diffuse* passant à travers les nuages translucides.

QUESTIONNAIRE.

Qu'est-ce que la lumière *directe*? — Quand dit-on que la lumière est *diffuse*? — La lumière diffuse vient-elle d'une source lumineuse? — Quand la lumière donnée par le soleil est-elle de la lumière *directe*? — Quand devient-elle *diffuse*?

V. Les ombres.

Voici maintenant une petite expérience que vous pourrez faire chez vous le soir à la veillée.

La bougie est allumée; la lumière qui part de sa flamme va éclairer le mur placé en face.

Entre la bougie et le mur, mettez un objet opaque; par exemple une boule suspendue à un fil.

Aussitôt la boule arrête une partie des rayons lumineux partis de la bougie, de sorte que derrière la boule il y a un espace noir qui est l'ombre de la boule. Cette ombre existe non-seulement sur le mur, mais dans tout l'espace compris entre le mur et la boule. La preuve que tout cet espace fait partie de l'ombre, c'est que tous les objets que vous y introduisez cessent aussitôt d'être éclairés. Cela est naturel, puisque la boule opaque qui est entre eux et la bougie arrête la lumière.

De tous les rayons de lumière envoyés par la bougie, ceux qui rencontrent la boule sont seuls arrêtés en leur chemin, les autres ne trouvant pas d'obstacle continuent leur route jusqu'au mur. Ceux qui passent près de la boule, en rasent les contours, et forment dans l'espace la séparation de l'ombre et de la lumière. Tous les rayons qui sont en dehors de ceux-là vont librement jusqu'au mur, et tous ceux qui arrivent en dedans sont arrêtés par la boule. Ce sont ces rayons *rasant* le contour de la boule, qui forment sur le mur les contours de l'*ombre portée*, c'est-à-dire de la partie obscure ; et c'est pourquoi l'ombre représente les contours de l'objet qui la produit

Ombre portée sur une table.

Remarquez que la forme de l'ombre ne représente de l'objet que le contour rasé par la lumière. La partie de cet objet qui est tournée vers la lumière, et celle qui est tournée vers l'ombre ne sont pas représentées par l'ombre, puisque l'ombre n'a pas d'épaisseur. Ainsi l'ombre d'une pièce de cinq francs qui est plate, a la forme d'un cercle ; et l'ombre d'une boule qui est toute ronde a aussi la forme d'un cercle.

.Puisque nous parlons des ombres, voici quelques petites expériences qui vous intéresseront : Prenez une image représentant un animal, une maison, ou un personnage si vous voulez. Découpez cette image en suivant les contours de l'objet qui y est représenté. Placez cet objet en face de la lumière, projetez son ombre sur le mur, et cette ombre représentera les contours de l'image. C'est ainsi que se font les *ombres chinoises*. C'est ce qu'on appelle des *silhouettes*.

Pourtant si nous voulons que l'ombre portée représente bien exactement les contours de l'image découpée, il y a certaines conditions à observer.

D'abord il faut que la muraille où nous voulons projeter l'ombre soit très-unie. Puis qu'elle soit éclairée de *face*, c'est-à-dire que les rayons partis de la lampe ou de la bougie viennent frapper sur le mur *perpendiculairement*. Si le mur où nous projetons l'ombre était éclairé obliquement, l'ombre s'allongerait obliquement aussi, et se déformerait tout à fait[1]. Elle deviendrait peut-être si bizarre que l'objet ne serait plus du tout reconnaissable. Ceci est encore un phéno-

---

1. Voy. l'ombre de la boule sur la table.

méne très-curieux à observer. Mais ce n'est pas tout; il faut que la découpure elle-même soit présentée devant la lampe, de telle sorte que les rayons l'éclairent aussi perpendiculairement. Si elle était posée obliquement, l'ombre cette fois serait raccourcie; elle se déformerait d'une autre manière, et ne reproduirait plus l'aspect de la découpure.

Si au lieu d'une découpure vous voulez projeter l'ombre d'un objet ayant une certaine épaisseur, vous apprendrez bientôt en faisant quelques essais, comment il faut le présenter à la lumière pour que sa silhouette paraisse plus nette, et soit plus ressemblante.

QUESTIONNAIRE.

Qu'est-ce que l'*ombre* d'un objet opaque? — Prouvez que l'espace situé derrière l'objet, à l'opposé de la lumière, est l'*ombre.* — Qu'appelle-t-on : *ombre portée* d'un objet? — Qu'est-ce qui trace la limite de l'ombre portée d'un objet? — Que représente l'ombre portée? — Comment une découpure doit-elle être présentée à la lumière pour que l'ombre portée en reproduise exactement le contour? — Comment faut-il que la surface qui doit recevoir l'ombre soit elle-même disposée? — Qu'arrive-t-il d'ordinaire si ces conditions ne sont pas remplies?

L'ÉLECTRICITÉ.

I. Développemeut de l'électricité par le frottement.

L'électricité, mes enfants, est une chose dont vous avez plus d'une fois entendu prononcer le nom, sans savoir ce que ce nom désigne. Si par exemple, en voyant ces grands poteaux plantés le long des routes, et sur lesquels s'étendent de nombreux fils de fer, vous avez demandé à quoi ils servent, on vous aura répondu : « Ce sont les poteaux et les fils du télégraphe *électrique.* » Et vous n'en aurez pas su davantage.

Peut-être aussi avez-vous entendu parler de la lumière *électrique?* Peut-être enfin on aura dit devant vous un jour d'orage : « Il y a aujourd'hui beaucoup d'*électricité* dans les nuages. » Qu'est-ce donc que des fils électriques? de la lumière électrique? Qu'est-ce, enfin, que l'*électricité?*

L'électricité, chers enfants, est, comme la chaleur et la lumière, une chose qui n'est pas une matière; du moins, pas une matière semblable à celle dont se composent les trois règnes. On n'a pu jusqu'ici connaître l'électricité qu'en observant ses effets, c'est-à-dire les *phénomènes* qu'elle produit.

Ces phénomènes sont extrêmement curieux. Parfois ils sont terribles. Plus tard nous les observerons ensemble; mais dès aujourd'hui nous pouvons faire une petite expérience qui vous donnera l'idée de l'électricité.

Posez sur la table quelques minces fragments de matière extrêmement légère, telle que du papier, ou du fil, ou mieux encore de la moëlle de sureau. Ensuite, prenez un bâton de cire à cacheter, frottez-le quelques instants sur un morceau d'étoffe de laine, puis approchez-le vivement des petit fragments de matière légère posés sur la table. Aussitôt vous voyez ces petits fragments se précipiter vers le bâton de cire. Les uns y restent attachés, les autres retombent, puis remontent au bâton en sautillant d'une façon curieuse.

Quelle est donc la cause du mouvement de ces légers fragments? Qu'est-ce qui les excite à s'élancer ainsi vers la cire?

C'est *l'électricité*.

Avant d'être frotté, votre bâton de cire n'attirait rien. En le frottant vous avez développé en lui le pouvoir d'attirer les corps légers : vous avez développé de l'électricité sur votre bâton de cire. On dit alors que cette cire est électrisée; comme on dit d'un objet qui envoie de la lumière qu'il est lumineux.

Puisque la cire qui n'était pas électrisée d'a-

Bâton de cire électrisé par le frottement.

bord l'est devenue après avoir été frottée, c'est évidemment le frottement qui y a développé de l'électricité.

Si vous voulez, mes enfants, que votre petite expérience réussisse parfaitement, il faut que la laine sur laquelle vous frottez votre bâton de cire à cacheter soit très-sèche, et le meilleur moyen de la rendre parfaitement sèche, c'est de la chauffer un peu.

Au lieu d'un tissu de laine, vous pourriez frotter la cire avec un tissu de coton ou une fourrure; mais la laine est préférable, principalement parce qu'elle est plus commode.

Maintenant, résumons ce que vous avez appris en faisant cette petite expérience.

Vous vous souvenez d'avoir lu pages 62 et 63 de ce livre : *Toute cause de mouvement est une force?* Si donc on vous demande quelle sorte de chose est l'électricité, puisqu'elle n'est pas une matière; en réfléchissant que l'électricité est la *cause du mouvement* des petits fragments qui se sont précipités sur le bâton de cire, vous répondrez : « *L'électricité est une force.* »

QUESTIONNAIRE.

L'électricité est-elle une matière?

Quand dit-on qu'un objet est électrisé?

Faites (ou décrivez) l'expérience qui prouve qu'un objet *électrisé* attire des parcelles légères.

Qui a produit l'électricité, dans cette expérience?

Qu'est-ce donc que l'électricité?

II. Développement de l'électricité (suite).

Mais la cire à cacheter est-elle la seule matière qui puisse s'électriser par le frottement? Essayons.

Reprenons notre tissu de laine, chauffons-le, et frottons vivement une petite lame de verre; nous verrons le verre s'électriser aussi, car il attire les petits fragments de papier comme les attirait le bâton de cire. Ainsi, le verre s'électrise aussi par le frottement.

Nous allons essayer d'électriser de la même manière une foule d'autres matières. Mais comme nos morceaux de papier ne sont pas très-commodes, nous allons construire un appareil plus convenable.

Prenons une très-petite boule de moëlle de sureau ou de liége; attachons-la au bout d'un fil de soie très-fin, et suspendons ce fil, soit à la clé de la porte, soit à l'espagnolette de la fenêtre, peu importe. Voilà notre appareil construit.

Quand nous voudrons voir si l'objet que nous avons frotté s'est électrisé, nous n'aurons qu'à approcher délicatement cet objet de la petite balle suspendue au fil de soie. Si l'objet est électrisé, la petite balle sera attirée vivement et se portera vers lui. S'il n'est pas électrisé, la petite boule ne sera pas attirée et elle demeurera tranquillement à sa place. Par exemple, présentons notre cire à cacheter bien frottée, la petite balle se précipite sur la cire. Présentons notre lame de verre, ce sera la même chose. Frottons un morceau de résine, un bâton de soufre, un porte-plume de caoutchouc durci, le même effet se produit encore, la petite balle est vivement attirée. Donc, la résine, le caoutchouc, le soufre, s'*électrisent aussi par le frottement*.

Ainsi nous voilà bien assurés qu'un grand nombre de matières peuvent s'électriser par le frottement. Est-ce que toutes les matières pourraient s'électriser de la même manière? Essayons.

Prenons une clé de fer, et frottons-la aussi vivement que possible, comme nous avons fait pour la cire à cacheter. Nous la présentons à notre petite balle de sureau : la petite balle ne bouge pas. Présentons de même un porte-plume de cuivre bien frotté; — rien. Une cuiller d'étain ou d'argent frottée aussi longtemps que nous voudrons; – rien. Pour un objet de plomb, de zinc, ce serait la même chose. D'où vient cette différence? Est-ce que ces divers métaux ne pourraient s'électriser par le frottement? Ils le peuvent parfaitement; mais il faut avoir la précaution de ne pas les tenir à la main, ce qui

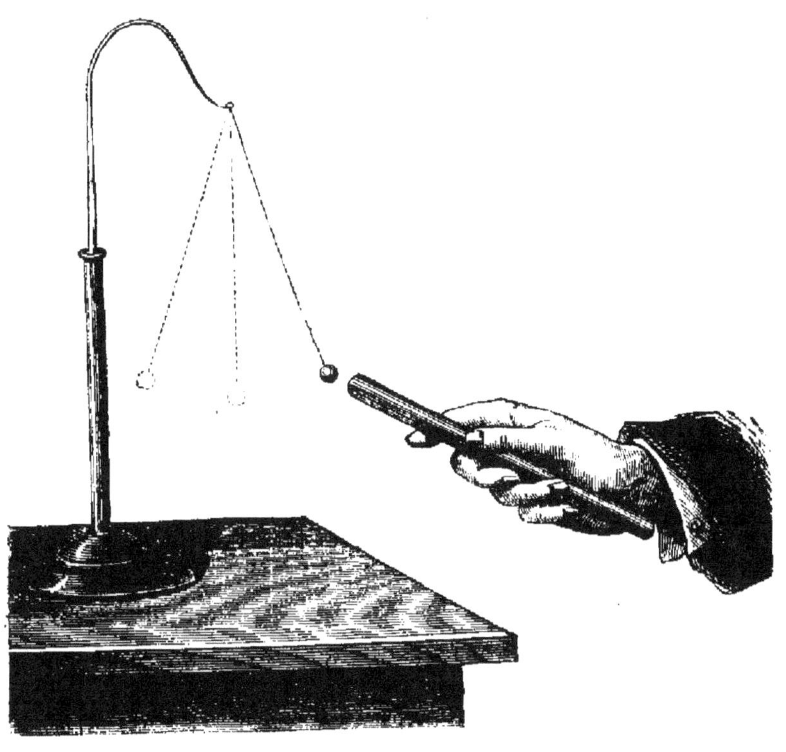

La petite balle est vivement attirée.

permet à l'électricité de s'écouler au delà. Il faut les fixer sur des supports faits de matières non conductrices, arrêtant l'électricité.

Il y a un autre moyen d'électriser ces mêmes

matières, même beaucoup plus fortement que la cire. Nous vous le montrerons par d'autres expériences intéressantes, mais plus tard ; vouloir tout apprendre à la fois serait le moyen de tout oublier de même.

Les divers phénomènes que nous venons d'observer, et qui sont produits par la PESANTEUR, la CHALEUR, la LUMIÈRE, l'ÉLECTRICITÉ, sont appelés phénomènes *physiques* : et la belle science qui nous les fait connaître s'appelle la PHYSIQUE. Science admirable qui nous révèle des secrets de la nature si merveilleux, qu'ils ont donné lieu autrefois chez les ignorants à d'absurdes croyances, et à de dangereuses superstitions.

QUESTIONNAIRE.

Toutes les matières peuvent-elles s'électriser quand on les frotte *en les tenant à la main*?

Décrivez un petit appareil commode pour observer si un objet est ou non électrisé.

Comment saurons-nous si une certaine matière s'électrise en la tenant à la main?

Citez des matières qui peuvent être électrisées ainsi.

Citez des matières qui ne peuvent s'électriser de cette manière, mais pourraient l'être par d'autres moyens?

Comment nomme-t-on la science qui révèle les phénomènes produits par la pesanteur, la chaleur, la lumière, l'électricité. etc.?

CHIMIE

I. Le mélange des liquides.

Supposons, chers enfants, que vous ayez un verre rempli d'eau : vous y versez une certaine quantité d'huile, et avec une cuiller vous agitez les deux liquides pour les mélanger ensemble. Quand vous cessez de remuer, les liquides se reposent, et vous voyez l'huile venir au-dessus de l'eau : l'eau et l'huile n'ont pu se mélanger.

Nous allons recommencer cette expérience, mais cette fois, au lieu d'huile versons dans l'eau quelques cuillerées d'esprit de vin. L'esprit de vin est un liquide extrait du vin, mais beaucoup plus fort. Il a une odeur très-forte, s'enflamme facilement, et si on en met une goutte sur sa langue, on est brûlé comme par un charbon allumé. Versons donc de l'esprit de vin dans notre verre d'eau, et agitons le mélange avec une cuiller. Voilà les deux liquides parfaitement mêlés; impossible maintenant de les reconnaître l'un d'avec l'autre. Ces deux matières sont tellement associées l'une à l'autre qu'elles ne font plus, pour ainsi dire, qu'une seule matière. Nous n'avons plus d'eau pure, nous n'avons plus d'esprit de vin pur : nous avons un seul liquide composé d'eau et d'esprit de vin.

QUESTIONNAIRE.

Y a-t-il des liquides qui ne peuvent se mélanger? — Citez des exemples.

Citez des liquides qui peuvent être mélangés.

II. La dissolution.

Prenons maintenant un peu de craie écrasée, réduite en poussière très fine. Mettons cette poudre blanche dans un verre, ajoutons-y un peu d'eau, et essayons de les mêler.

La craie et l'eau forment d'abord une pâte plus ou moins épaisse. Si nous versons beaucoup d'eau, le mélange a l'apparence d'un liquide blanc comme du lait. Pourtant les petites parcelles blanches qui forment la craie ne se sont pas associées à l'eau, nous n'avons fait qu'un limon, ou une espèce de boue blanche. Les parcelles de craie flottent dans l'eau, comme elles flotteraient dans l'air si le vent les emportait,

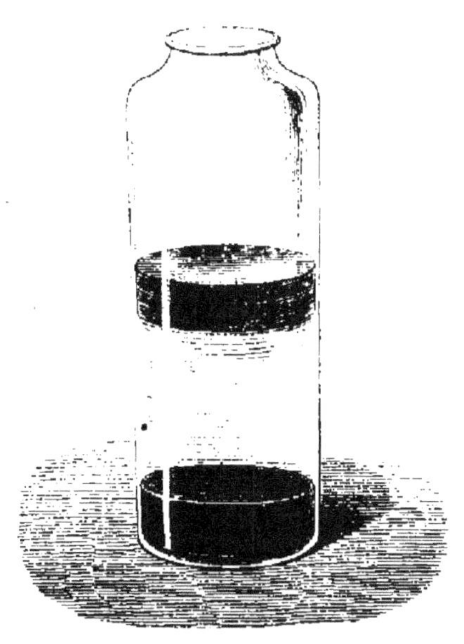

Matières qui ne peuvent se mélanger.

voilà tout. La preuve qu'elles ne sont pas associées avec l'eau, c'est que si nous laissons le liquide se reposer, nous voyons les parcelles de craie se déposer au fond du vase, comme les parcelles de limon se déposent au fond des étangs. L'eau qui tout à l'heure paraissait blanche, redevient transparente et pure. L'eau et la craie n'ont pu s'associer.

Mais au lieu de craie, mettons dans ce verre d'eau un morceau de sucre. Vous savez d'avance ce qui va arriver : le morceau de sucre va di-minuer peu à peu, bientôt il aura disparu. Qu'est-il donc devenu ce morceau de sucre? Il est tout simplement *dissous* dans l'eau; c'est-à-dire que les parcelles du sucre se sont mélan-gées avec l'eau de telle sorte qu'on ne peut plus les distinguer. Nous avons maintenant de l'eau sucrée, c'est à-dire un liquide composé d'eau et de sucre.

Il y a donc certaines matières qui, comme la craie, le fer, le verre, ne peuvent se dissoudre, et sont dites *insolubles;* et d'autres matières qui, comme le sucre, le sel, peuvent se dissoudre dans l'eau ¹ et sont dites *solubles.*

QUESTIONNAIRE.

Y a-t-il des substances solides qui peuvent se dissoudre dans l'eau?

Quand dit-on qu'une matière est dissoute dans l'eau?

Citez des matières *solubles* dans l'eau, c'est-à-dire pou-vant se dissoudre dans l'eau. — Citez d'autres matières, insolubles dans l'eau.

1. V. le *Manuel.*

III. Alliages et combinaisons.

Priez vos parents de demander aux ouvriers qui travaillent les métaux, quelques pincées de limaille de cuivre, et quelques pincées de limaille de zinc. La limaille est du métal réduit en petites parcelles par la lime. Essayez de mêler ensemble ces parcelles de deux métaux différents. Vous avez beau faire, vous avez toujours des parcelles de cuivre et des parcelles de zinc parfaitement distinctes. De même que la craie ne se dissout pas dans l'eau, ne s'associe pas à l'eau, de même les petites parcelles de cuivre et de zinc ne s'associent pas ensemble; on peut toujours distinguer les parcelles *rouges* du cuivre, et les parcelles *grises* du zinc.

Les parcelles solides ne s'associent pas ordinairement entre elles, comme le font si facilement beaucoup de liquides.

Mais ces limailles de cuivre et de zinc s'associeraient peut-être si nous pouvions les rendre liquides? Pourquoi pas? Essayons. N'avons-nous pas la chaleur pour les fondre? Prenons donc un fourneau très-ardent, mettons dessus deux petits vases de terre cuite appelés : *creusets*. Dans l'un nous mettons de la limaille de zinc, dans l'autre de la limaille de cuivre, et nous soufflons le feu. Quand les deux métaux sont fondus séparément, et tous les deux devenus liquides par la fusion, nous versons l'un dans l'autre, nous agitons avec une baguette de fer, et voilà nos deux liquides aussi parfaitement mêlés que l'eau et l'esprit de vin. Le cuivre et le zinc fondus s'associent tellement qu'ils ne forment plus qu'un seul métal. Ce n'est plus du cuivre, ce n'est plus du zinc; c'est un liquide composé de cuivre et de zinc fondus ensemble, *combinés*, *alliés*.

Versons maintenant notre mélange dans un moule, et laissons-le refroidir. Nous avons maintenant une matière solide, un métal composé, un *alliage* de cuivre et de zinc. Cet alliage n'est ni rouge comme le cuivre, ni gris comme le zinc : il est jaune. On l'appelle *laiton*, et on en fabrique les boutons de portes, de tiroirs, les garnitures des lampes, et tout ce qu'on appelle à tort *cuivre jaune*.

Vous rappelez-vous, chers enfants, que déjà, en parlant des pierres, nous avons fait la réflexion que si on peut diviser un morceau de matière en petites parcelles, c'est qu'il a été primitivement composé de ces petites parcelles. En le divisant, on ne fait que séparer ce qui avait été réuni. Ne pourrait-on pas, par analogie, désassocier les matières qu'on a associées ? Oui, cela est possible et cela se fait.

Combiner ou allier plusieurs matières différentes pour en former une nouvelle, cela s'appelle *composer*. Défaire cette combinaison, cet alliage, désassocier les matières qui composent l'alliage, et les séparer comme elles l'étaient avant d'être alliées, cela s'appelle : *décomposer*.

La science qui enseigne les moyens de composer et de décomposer la matière est une grande science, très-belle, très-utile, très-intéressante. On appelle cette science la CHIMIE.

Arrêtons-nous ici, chers enfants. Ce petit volume renferme déjà bien des choses ! Toutes ces choses sont utiles à connaître, plusieurs sont indispensables pour continuer de vous instruire avec fruit. Ne craignez pas de lire et de relire ce livre : en lisant on apprend ; en relisant on comprend encore davantage.

Bon courage donc, chers enfants, et à l'année prochaine !

QUESTIONNAIRE.

Les parcelles de matières solides, quelques fines qu'elles soient, s'associent-elles quand on les mélange ?

Qu'appelle-t-on un *alliage de deux métaux*?

Comment s'y prend-on pour *allier* deux métaux?

Quel est le nom de l'alliage qu'on forme avec du zinc et du cuivre?

D'autres matières que les métaux peuvent-elles s'associer, se combiner entre-elles?

La matière formée par la combinaison de deux matières peut-elle ne ressembler aucunement par son aspect et ses qualités, à celles dont elle est formée?

Qu'est-ce que *composer*?

Qu'est-ce que *décomposer* une matière composée?

Qu'est-ce que la chimie?

FIN.

TABLE

—

HYGIÈNE.

PHYSIQUE.

FIN DE LA TABLE.

Typographie Lahure, rue de Fleurus, 9, à Paris

COURS D'ÉDUCATION ET D'INSTRUCTION
PAR Mme PAPE-CARPANTIER

A L'USAGE DES ÉCOLES ET DES FAMILLES

Les volumes de ce Cours sont imprimés dans le format grand in-18, contiennent des vignettes intercalées dans le texte et se vendent cartonnés.

CE COURS COMPREND DEUX ANNÉES PRÉPARATOIRES
UNE PÉRIODE ÉLÉMENTAIRE ET UNE PÉRIODE MOYENNE

1re ANNÉE PRÉPARATOIRE
(de 5 à 7 ans)

Manuel des maîtres, comprenant : l'Exposé des principes de la pédagogie naturelle et le guide de la première année. 2 fr. 50
Enseignement de la lecture, à l'aide du procédé phonomimique de M. Grosselin. 50 c.
Tableaux (30) reproduisant la méthode. 3 fr.
Petites lectures morales; premières notions de grammaire. 50 c.
Premières notions d'arithmétique, de géométrie et du système métrique. 50 c.
Premières notions de géographie et d'histoire naturelle. 75 c.

2e ANNÉE PRÉPARATOIRE
(de 7 à 8 ans)

Manuel des maîtres, comprenant : l'application des principes pédagogiques et le guide pratique de la deuxième année. 2 fr. 50
Lectures morales et instructives; grammaire. 1 vol. 1 fr.
Arithmétique; géométrie; système métrique. 1 fr.
Géographie; premières notions sur quelques phénomènes naturels. 75 c.
Histoire naturelle; leçons préparatoires à l'étude de l'hygiène. 1 fr.

PÉRIODE ÉLÉMENTAIRE
(de 8 à 10 ans)

Manuel des maîtres, guide pratique de la période élémentaire. 2 fr. 50
Grammaire accompagnée d'exercices; lectures et dictées. 1 fr. 50
Arithmétique; géométrie; système métrique. 1 fr. 50

Premiers éléments de cosmographie; géographie. 1 vol. 1 fr. 50
Histoire naturelle. 1 fr. 50
Premières notions d'hygiène, de physique et de chimie. 1 fr.

PÉRIODE MOYENNE
(de 10 à 12 ans)

Grammaire, accompagnée de dictées-exercices. 1 fr. 50
Éléments de cosmographie; géographie de l'Europe. 2 fr. 50
Hygiène; physique et chimie. 2 fr.

Arithmétique; système métrique; géométrie; dessin. 2 fr.
Histoire naturelle. En préparation.

---

988. — Imprimerie A. Lahure, rue de Fleurus, 9, à Paris.

BIBLIOTHEQUE NATIONALE DE FRANCE
3 7531 0177144 1 2

www.ingramcontent.com/pod-product-compliance
Lightning Source LLC
LaVergne TN
LVHW012337170726
843503LV00002B/864